从 虎 开始

中文版

Dreamweaver CS5

基础培训教程

老虎工作室

王君学 杜鹏 孙连营 编著

U0146764

人民邮电出版社

北 京

图书在版编目（CIP）数据

Dreamweaver CS5中文版基础培训教程 / 王君学，杜
鹏，孙连营编著. -- 北京 : 人民邮电出版社，2012.3
　（从零开始）
　ISBN 978-7-115-26648-4

　Ⅰ. ①D… Ⅱ. ①王… ②杜… ③孙… Ⅲ. ①网页制
作工具，Dreamweaver CS5－教材 Ⅳ. ①TP393.092

中国版本图书馆CIP数据核字(2011)第270464号

内 容 提 要

　　本书实用性强，结合实例讲解 Dreamweaver CS5 应用知识，重点培养学生的网页制作技能，提高解决实际问题的能力。

　　全书共 12 讲，主要内容包括网页制作基础、创建站点、使用文本和图像、创建超级链接、使用 CSS 样式和 Div 标签、使用表格和 Spry 布局构件、使用 AP Div 和框架、使用库和模板、使用行为和媒体、使用表单、创建 ASP 应用程序、发布站点等。

　　本书可供各类网页设计与制作培训班作为教材使用，也可供相关网页设计与制作人员及大学和高等职业学校的学生自学参考。

从零开始——Dreamweaver CS5 中文版基础培训教程

　◆ 编　　著　老虎工作室　王君学　杜　鹏　孙连营
　　　责任编辑　李永涛

　◆ 人民邮电出版社出版发行　　北京市崇文区夕照寺街 14 号
　　　邮编　100061　　电子邮件　315@ptpress.com.cn
　　　网址　http://www.ptpress.com.cn
　　北京精彩雅恒印刷有限公司印刷

　◆ 开本：787×1092　1/16
　　　印张：9.75
　　　字数：211 千字　　　　　　　2012 年 3 月第 1 版
　　　印数：1- 4 000 册　　　　　　2012 年 3 月北京第 1 次印刷

ISBN 978-7-115-26648-4

定价：29.00 元

读者服务热线：**(010)67132692**　印装质量热线：**(010)67129223**
反盗版热线：**(010)67171154**
广告经营许可证：京崇工商广字第 0021 号

老虎工作室

主　　编：沈精虎

编　　委：许日滨　黄业清　姜　勇　宋一兵　高长铎
　　　　　田博文　谭雪松　向先波　毕丽蕴　郭万军
　　　　　宋雪岩　詹　翔　周　锦　冯　辉　王海英
　　　　　蔡汉明　李　仲　赵治国　赵　晶　张　伟
　　　　　朱　凯　臧乐善　郭英文　计晓明　孙　业
　　　　　滕　玲　张艳花　董彩霞　郝庆文　田晓芳

关 于 本 书

Dreamweaver CS5是一款专业的网页设计与制作软件，主要用于网站、网页和Web应用程序的设计与开发。由于Dreamweaver的每次升级换代都代表了互联网的发展前沿，很多现代设计理念和方法都能较快地在新版本中得以体现，因此，Dreamweaver在网页设计与制作领域得到了众多用户的青睐。Dreamweaver的日益普及与广泛应用不仅提高了网页设计与制作人员的工作效率，而且也把他们从纯HTML代码时代解放了出来，从而使其能够将更多精力投入到提高网页设计质量上。

内容和特点

本教程突出实用性，注重培养学生的实践能力，具有以下特色。

(1) 在编排方式上充分考虑课程教学的特点，每一讲基本上是按照功能讲解、范例解析、课堂实训、综合案例、小结和习题的模式组织内容，这样既便于教师在课前安排教学内容，又能实现课堂教学"边讲边练"的教学方式。

(2) 在内容组织上尽量本着易懂实用的原则，精心选取Dreamweaver CS5的一些常用功能及与网页设计与制作相关的知识作为主要内容，并将理论知识融入大量的实例中，使学生在实际操作过程中不知不觉地掌握理论知识，从而提高网页设计与制作技能。

(3) 在实例选取上力争满足形式新颖的要求，尽量选取日常生活中实用或富有哲理性的例子，使学生感觉到实例的趣味性，从而使教师好教、学生易学。

(4) 在文字叙述上尽量做到言简意赅、重点突出，需要学生知道但又不是重点的内容一带而过，需要学生深入掌握的内容不厌其烦地进行详细全面介绍。

全书分为13讲，主要内容如下。

- 第1讲：介绍Dreamweaver CS5基本界面、创建和管理站点的基本方法等。
- 第2讲：介绍设置文本和文档的基本方法。
- 第3讲：介绍在网页中插入图像和媒体的基本方法。
- 第4讲：介绍设置超级链接的基本方法。
- 第5讲：介绍使用表格布局网页的基本方法。
- 第6讲：介绍使用框架布局网页的基本方法。
- 第7讲：介绍使用CSS样式控制网页外观的基本方法。
- 第8讲：介绍使用Div布局网页的基本方法。
- 第9讲：介绍使用库和模板统一网页外观的基本方法。
- 第10讲：介绍在网页中使用行为和Spry构件的基本方法。
- 第11讲：介绍使用表单制作网页的基本方法。
- 第12讲：介绍在可视化环境下创建ASP应用程序的方法。
- 第13讲：介绍配置IIS服务器和发布站点的方法。

读者对象

本书将Dreamweaver CS5的基本知识与典型实例相结合，条理清晰、讲解透彻、易于掌握，可供各类网页设计与制作培训班作为教材使用，也可供广大网页设计与制作人员及高等院校相关专业的学生自学参考。

配套资源内容

本书配套资源内容包括范例解析、课堂实训、综合案例、课后作业、PPT课件等，这些内容都放到天天课堂网站（http://www.ttketang.com）上以供读者下载。

1．范例解析

本书所有范例解析用到的素材都收录在配套资源的"范例解析\第×讲\素材"文件夹下，所有范例解析的结果文件都收录在配套资源的"范例解析\第×讲\结果"文件夹下，所有范例解析的视频文件都收录在配套资源的"范例解析\第×讲\视频"文件夹下。

2．课堂实训

本书所有课堂实训用到的素材都收录在配套资源的"课堂实训\第×讲\素材"文件夹下，所有课堂实训的结果文件都收录在配套资源的"课堂实训\第×讲\结果"文件夹下，所有课堂实训的视频文件都收录在配套资源的"范例解析\第×讲\视频"文件夹下。

3．综合案例

本书所有综合案例用到的素材都收录在配套资源的"综合案例\第×讲\素材"文件夹下，所有综合案例的结果文件都收录在配套资源的"综合案例\第×讲\结果"文件夹下，所有综合案例的视频文件都收录在配套资源的"范例解析\第×讲\视频"文件夹下。

4．课后作业

本书所有课后作业用到的素材都收录在配套资源的"课后作业\第×讲\素材"文件夹下，所有课后作业的结果文件都收录在配套资源的"课后作业\第×讲\结果"文件夹下。

感谢您选择了本书，也欢迎您把对本书的意见和建议告诉我们。
老虎工作室网站 http://www.laohu.net，电子函件ttketang@163.com。

老虎工作室

2011年10月

目　录

第 1 讲
认识Dreamweaver CS5

本讲将介绍Dreamweaver CS5的工作界面和初步使用方法。

【本讲课时】

本讲课时为3小时。

【教学目标】

- 了解Dreamweaver CS5的工作界面。
- 掌握新建和管理站点的基本方法。
- 掌握设置首选参数的基本方法。
- 掌握创建文件夹和文件的方法。

1.1 功能讲解

下面对Dreamweaver CS5的工作界面、首选参数以及新建和管理站点、创建文件夹和文件的方法等内容进行简要介绍。

1.1.1 工作界面

2010年上半年备受关注的Adobe新一代产品Creative Suite 5（CS5）正式发布了，其中包括Dreamweaver CS5。下面对其工作界面进行简要介绍。

一、欢迎屏幕

当启动Dreamweaver CS5后通常会显示欢迎屏幕，如图1-1所示。通过欢迎屏幕，可以打开文档或创建文档，也可以了解某些相关功能。如果希望在启动时不显示欢迎屏幕，选择欢迎屏幕底部的【不再显示】复选框即可。

二、工作窗口

在欢迎屏幕中选择【新建】/【HTML】命令新建一个文档，此时工作窗口界面如图1-2所示。工作窗口顶部为菜单栏，文档窗口上面为【文档】工具栏，下面为【属性】面板，右侧为包括【插入】面板、【文件】面板在内的面板组。

图1-1 欢迎屏幕

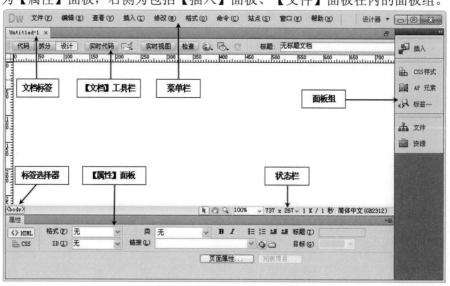

图1-2 Dreamweaver CS5工作窗口界面

三、常用工具栏

选择菜单命令【查看】/【工具栏】可以发现，工具栏通常有【样式呈现】、【文档】、【标准】、【浏览器导航】4个部分，如图1-3所示，其中最常用的是【文档】工具栏。

图1-3 工具栏

在【文档】工具栏中，单击 代码 按钮可以显示代码视图，在其中可以编写或修改网页源代码。单击 拆分 按钮可以显示拆分视图，其中左侧为代码视图，右侧为设计视图。单击 设计 按钮可以显示设计视图，在其中可以对网页进行可视化编辑。单击 实时代码 按钮窗口将变为拆分视图状态，左侧显示实时代码视图，右侧显示实时视图。单击 实时视图 按钮可以显示实时视图状态，在其中可以预览设计效果。在【标题】文本框中可以设置显示在浏览器的标题栏的标题。单击 按钮，将弹出一个下拉菜单，从中可以选择预览网页的方式，如图1-4所示。

图1-4 选择预览网页的方式

在下拉菜单中选择【编辑浏览器列表】命令，将打开【首选参数】对话框，可以在【在浏览器中预览】分类中添加其他浏览器，如图1-5所示。单击【浏览器】右侧的 按钮将打开【添加浏览器】对话框来添加已安装的其他浏览器；单击 按钮将删除在【浏览器】列表框中所选择的浏览器；单击 编辑(E)... 按钮将打开【编辑浏览器】对话框，对在【浏览器】列表框中所选择的浏览器进行编辑，还可以通过设置【默认】选项为"主浏览器"或"次浏览器"来设定所添加的浏览器是主浏览器还是次浏览器。

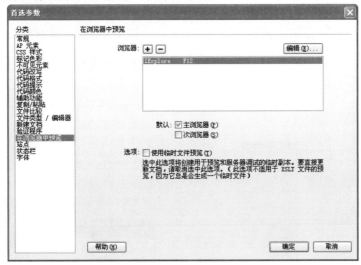

图1-5 添加浏览器

四、【属性】面板

【属性】面板通常显示在文档窗口的最下面，如果工作界面中没有显示【属性】面板，选择【窗口】/【属性】命令即可将其显示出来。通过【属性】面板可以设置和修改所选对象的属性。选择的对象不同，【属性】面板中的项目也不一样。根据实际需要，涉及文本的【属性】面板提供了【HTML】和【CSS】两种类型的属性设置，它们各自的功能是不完全相同的，如图1-6所示。可以在【属性】面板的【HTML】选项卡中设置文本的标题和段落格

式、列表格式、缩进和凸出以及链接等。可以在【属性】面板的【CSS】选项卡中设置文本的字体、大小、颜色和对齐方式等。

图1-6 文本【属性】面板

五、面板组

面板组又称浮动面板，使用频率比较高。读者可根据需要显示不同的面板，拖动面板可以脱离面板组，使其停留在不同的位置。

单击面板组右上角的██按钮可以将所有面板向右侧折叠为图标，单击██按钮可以向左侧展开面板，双击面板组中某个面板标题栏的深灰色区域，可以向下展开或向上收缩当前面板组，如图1-7所示。使用鼠标拖动面板标题栏，可以将面板从面板组中拖出来，作为单独的窗口放置在工作界面的任意位置上。同样，也可以将拖出来的面板再拖回默认状态。

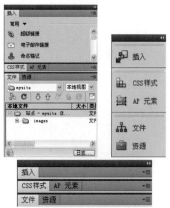

图1-7 面板组

六、【插入】面板

【插入】面板位于右侧的面板组中，包含各种类型的对象按钮，通过单击这些按钮，可将相应的对象插入到文档中，如图1-8

所示。【插入】面板中的按钮被分为8个类别，如图1-9所示。单击相应的类别名，将在面板中显示相应类别的对象按钮。

图1-8 【插入】面板　　图1-9 按钮类别

七、【文件】面板

【文件】面板也位于右侧的面板组中，【文件】面板如图1-10所示，其中左图是在Dreamweaver CS5中没有创建站点时的状态，右图显示的是创建了站点以后的状态。在【文件】面板中可以创建文件夹和文件，也可以上传或下载服务器端的文件，可以说，它是站点管理器的缩略图。

图1-10 【文件】面板

1.1.2 首选参数

在使用Dreamweaver CS5制作网页之前，应该根据自己的爱好和实际需要，通过【首选参数】对话框来定义使用Dreamweaver CS5

的基本规则。选择菜单命令【编辑】/【首选参数】，弹出【首选参数】对话框，下面对【首选参数】对话框的常用分类选项进行简要说明。

一、【常规】分类

在【常规】分类中可以定义【文档选项】和【编辑选项】两部分内容，如图1-11所示。

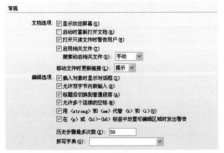

图1-11 【常规】分类

其中，选择【显示欢迎屏幕】复选框，表示在启动Dreamweaver CS5时将显示欢迎屏幕，否则将不显示；选择【允许多个连续的空格】复选框，表示允许使用<Space>（空格）键来输入多个连续的空格，否则只能输入一个空格。

二、【不可见元素】分类

在【不可见元素】分类中可以定义不可见元素是否显示，如图1-12所示。在选择【不可见元素】分类后，还要确认菜单栏中的【查看】/【可视化助理】/【不可见元素】命令已经选择。在选择该命令后，包括换行符在内的不可见元素会在文档中显示出来，以帮助设计者确定它们的位置。

图1-12 【不可见元素】分类

三、【复制/粘贴】分类

在【复制/粘贴】分类中，可以定义粘贴到文档中的文本格式，如图1-13所示。在设置了一种适用的粘贴方式后，就可以直接选择菜单命令【编辑】/【粘贴】来粘贴文本，而不必每次都选择【编辑】/【选择性粘贴】命令。如果需要改变粘贴方式，再选择【选择性粘贴】命令进行粘贴即可。

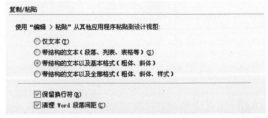

图1-13 【复制/粘贴】分类

四、【新建文档】分类

在【新建文档】分类中可以定义新建默认文档的格式、默认扩展名、默认文档类型和默认编码等，如图1-14所示。可以在【默认文档】下拉列表中设置默认文档，如"HTML"；在【默认扩展名】文本框中设置默认文档的扩展名，如".htm"；在【默认文档类型】下拉列表中设置文档类型，如"XHTML 1.0 Transitional"；在【默认编码】下拉列表中设置编码类型，如"简体中文(GB2312)"。

图1-14 【新建文档】分类

上面对【首选参数】的常用选项进行了介绍，建议初学者根据上面的介绍设置常用选项，其他选项最好不要随意进行修改。

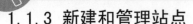

1.1.3 新建和管理站点

Dreamweaver站点是网站中使用的所有文件和资源的集合，它通常包含两个部分：可在其中存储和处理文件的计算机上的本地文件夹，以及可在其中将相同文件发布到Web服务器上的远程文件夹。在Dreamweaver CS5新建站点的方法是，选择菜单命令【站点】/【新建站点】，在打开的对话框中输入站点名称，并设置好本地站点文件夹即可，如图1-15所示。如果现在不需要将文件发布到服务器上，可以暂时不设置【服务器】选项。

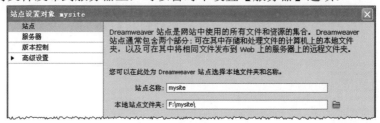

图1-15　新建本地站点

如果要在Dreamweaver中创建一个与已有站点类似的站点，可以首先复制相似的站点，然后根据需要再进行编辑修改。对于那些已经完成使命不再需要的站点则可以进行删除。如果要在多台计算机中创建一个相同的站点，可以先在一台计算机进行创建，然后使用导出站点的方法将站点信息导出，再在其他计算机中导入该站点即可。这些操作可以通过【管理站点】对话框进行，方法是，选择菜单命令【站点】/【管理站点】打开【管理站点】对话框，根据实际需要进行操作即可，如图1-16所示。

1.1.4 文件夹和文件

站点创建完毕后，需要在站点中创建文件夹和文件。在【文件】面板中创建文件夹和文件最简便的操作是，用鼠标右键单击相应的文件夹，在弹出的快捷菜单中选择【新建文件夹】或【新建文件】命令，然后输入新的文件夹或文件名称即可，如图1-17所示。当然，此时创建的文件是没有内容的，双击打开文件添加内容并保存后才有实际意义。

图1-16　【管理站点】对话框

图1-17　创建文件夹和文件

1.1.5 网页文件头标签

网页文件头标签包括Meta、关键字、说明、刷新、基础和键接6项。其中，关键字是为网络中的搜索引擎准备的，关键字一般要尽可能地概括网页主题，以便浏览者在输入很少关键字的情况下，就能最大程度地搜索到网页，多个关键字之间要用半角的逗号分隔。设置网页关键字的方法是，选择菜单命令【插入】/【HTML】/【文件头标签】/【关键字】打开【关键

字】对话框，输入关键字即可，如图1-18所示。

另外，定时刷新网页功能也是经常用到的。设置方法是，选择菜单命令【插入】/【HTML】/【文件头标签】/【刷新】打开【刷新】对话框，进行相应参数设置即可，如图1-19所示。当前浏览器窗口中的网页显示5秒后，将自动刷新文档。定时刷新功能是非常有用的，在制作论坛或者聊天室时，可以实时反映在线的用户。

图1-18 设置关键字

图1-19 定时刷新网页

1.2 范例解析

下面通过具体范例来说明站点操作和文件操作的基本方法。

1.2.1 新建和导出站点

创建一个本地站点"bokee"，然后导出站点，文件名为"mybokee.ste"，最终效果如图1-20所示。

这是创建本地站点的一个例子，可以使用【新建站点】命令创建站点，然后使用【管理站点】对话框的【导出】命令导出站点，具体操作步骤如下。

1. 选择菜单命令【站点】/【新建站点】，弹出【站点设置对象 未命名站点2】对话框，如图1-21所示。

图1-20 新建站点

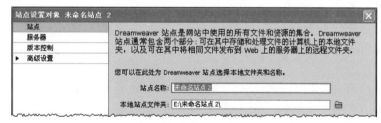

图1-21 【站点设置对象 未命名站点2】对话框

2. 在【站点名称】文本框中输入站点的名称"bokee"，然后单击【本地站点文件夹】文本框右侧的 按钮定义本地站点文件夹的位置，如图1-22所示。

图1-22 设置站点信息

3. 单击 保存 按钮关闭对话框，创建站点的工作完成。

4. 选择菜单命令【站点】/【管理站点】打开【管理站点】对话框，选择新建的站点"bo-

kee"，如图1-23所示。

图1-23 【管理站点】对话框

5. 单击 导出(T)... 按钮打开【导出站点】对话框，输入导出文件名称，如图1-24所示。

图1-24 【导出站点】对话框

6. 单击 保存(S) 按钮返回【管理站点】对话框，然后单击 完成(D) 按钮关闭对话框。

这样，创建和导出站点的工作就完成了。

1.2.2 创建文件夹和文件

在第1.2.1小节创建的站点"bokee"中创建文件夹"images"，在根文件夹下创建主页文件"index.htm"，最终效果如图1-25所示。

图1-25 创建文件夹和文件

这是在站点内创建文件夹和文件的一个例子，文件夹和文件可以直接在【文件】面板中使用快捷菜单中的命令来创建，具体操作步骤如下。

1. 在【文件】面板中用鼠标右键单击根文件夹，在弹出的快捷菜单中选择【新建文件夹】命令。

2. 在"untitled"处输入新的文件夹名"images"，然后按<Enter>键确认，如图1-26所示。

图1-26 创建文件夹

3. 在【文件】面板中用鼠标右键单击根文件夹，在弹出的快捷菜单中选择【新建文件】命令。

4. 在"untitled.htm"处输入新的文件名"index.htm"，最后按<Enter>键确认，如图1-27所示。

图1-27 创建文件

至此，创建文件夹和文件的任务就完成了。

1.3 课堂实训

下面通过实训来进一步巩固站点操作和文件操作的基本知识。

1.3.1 导入、编辑和导出站点

导入站点"mysite.ste"，然后对其进行编辑，将站点名字修改为"myweb"并导出，保

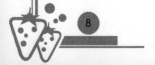

存为"myweb.ste"，最终效果如图1-28所示。

图1-28 导入和编辑站点

这是导入已有站点信息并进行修改的一个例子，可以使用【管理站点】对话框的【导入】命令导入站点，然后使用【编辑】命令修改即可。

1. 打开【管理站点】对话框，单击 导入(I)... 按钮导入站点"mysite.ste"。
2. 单击 编辑(E)... 按钮打开【站点设置对象 mysite】对话框，将站点名称修改为"myweb"并保存。
3. 单击 导出(T)... 按钮打开【导出站点】对话框，将站点导出为"myweb.ste"。

1.3.2 创建文件夹和文件

在第1.3.1节创建的站点"myweb"中分别创建文件夹"file"、"pic"，在根文件夹下创建主页文件"index.htm"，在文件

夹"file"下创建文件"yx.htm"、"yxpic. htm"，最终效果如图1-29所示。

图1-29 创建文件夹和文件

这是在站点内创建文件夹和文件的一个例子，为了方便操作，可以在【文件】面板中创建所有的文件夹和文件。

1. 在【文件】面板中用鼠标右键单击根文件夹，在弹出的快捷菜单中选择【新建文件夹】命令来分别创建文件夹"file"、"pic"。
2. 在【文件】面板中用鼠标右键单击根文件夹，在弹出的快捷菜单中选择【新建文件】命令创建主页文件"index. htm"。
3. 在【文件】面板中用鼠标右键单击文件夹"file"，在弹出的快捷菜单中选择【新建文件】命令依次创建文件"yx. htm"、"yxpic.htm"。

1.4 综合案例——创建站点和文件

创建一个本地站点，名字为"luntan"，然后在站点中依次创建文件夹"document"、"images"和"picture"，并创建主页文件"index.htm"，同时在文件夹"document"中创建文件"rule.htm"，最终效果如图1-30所示。

图1-30 创建站点和文件

这是一个创建站点和文件的例子，可以先创建站点，然后再创建文件夹和文件。

1. 选择菜单命令【站点】/【新建站点】，弹出【站点设置对象 未命名站点2】对话框，如图1-31所示。

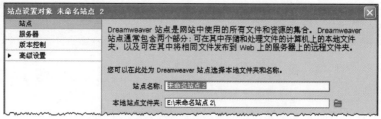

图1-31 【站点设置对象 未命名站点2】对话框

2. 在【站点名称】文本框中输入站点的名称"luntan"，然后单击【本地站点文件夹】文本框右侧的 按钮定义本地站点文件夹的位置，如图1-32所示。

图1-32 设置站点信息

3. 单击 保存 按钮关闭对话框，然后在【文件】面板中用鼠标右键单击根文件夹，在弹出的快捷菜单中选择【新建文件夹】命令。

4. 在"untitled"处输入新的文件夹名"document"并按<Enter>键确认，然后运用同样的方法创建"images"和"picture"文件夹。

5. 在【文件】面板中用鼠标右键单击根文件夹，在弹出的快捷菜单中选择【新建文件】命令。

6. 在"untitled.htm"处输入新的文件名"index.htm"，然后按<Enter>键确认。

7. 在【文件】面板中用鼠标右键单击文件夹"document"，在弹出的快捷菜单中选择【新建文件】命令创建文件"rule.htm"。

1.5 课后作业

一、思考题

1. 文本【属性】面板提供了哪两种类型的属性设置？各自有哪些功能？
2. 如何设置才能在文档中使用空格键连续输入多个空格？
3. 通过【管理站点】对话框可以进行哪些操作？
4. 网页文件头标签包括哪些内容？

二、操作题

创建一个名字为"mingshi"的本地站点，并将站点信息导出，保存为"mingshi.ste"，然后在站点中依次创建文件夹"lunwen"、"kejian"和"images"，并在根文件夹下创建文件"mingshi.htm"。

第2讲
设置文本和文档

创建文档和设置文本是制作网页最基本的操作，本讲将介绍在网页中创建文档和设置文本属性的基本方法。

【本讲课时】

本讲课时为3小时。

【教学目标】

- 掌握创建文档的方法。
- 掌握设置页面属性的方法。
- 掌握设置文本字体属性的方法。
- 掌握设置文本段落属性的方法。

2.1 功能讲解

下面对文档和文本的基本知识进行简要介绍。

2.1.1 HTML和CSS

先来认识两个基本概念：HTML和CSS，以便后序内容的理解。

HTML是Hyper Text Markup Language（超级文本标记语言）的缩写，是一种用来制作超级文本文档的标记符号。即HTML是一些能让浏览器看懂的标记，当用户浏览网页时，浏览器会"翻译"由这些HTML标签提供的网页并按照一定的格式在屏幕上显示出来。

CSS是Cascading Style Sheet的缩写，通常译为"层叠样式表"或"级联样式表"，是一组格式设置规则，用于控制Web页面的外观。通过使用CSS样式设置页面的格式，可将页面的内容与表现形式分离。页面内容存放在HTML文档中，而用于定义表现形式的CSS规则存放在另一个独立的样式表文件中或HTML文档的某一部分，通常为文件头部分，如图2-1所示。将内容与表现形式分离，不仅可使维护站点的外观更加容易，而且还可以使HTML文档代码更加简练，缩短浏览器的加载时间。

图2-1　HTML和CSS

2.1.2 创建文档

在Dreamweaver CS5中，创建文档的方法概括起来主要有以下几种。

一、通过欢迎屏幕创建文档

在欢迎屏幕的【新建】列表中选择相应命令，即可创建相应类型的文件，如选择【新建】/【HTML】命令，即可创建一个HTML文档。

二、通过【文件】面板创建文件

在【文件】面板中，用户可以通过下面两种方法来创建文档。

(1) 在【文件】面板中单击鼠标右键，在弹出的菜单中选择【新建文件】命令。

(2) 单击【文件】面板组标题栏右侧的 按钮，在弹出的菜单中选择【文件】/【新建文件】命令。

三、通过菜单命令创建文档

选择菜单命令【文件】/【新建】，弹出【新建文档】对话框，根据需要选择相应的选项创建文档，如图2-2所示。

2.1.3 保存文档

创建了文档后如果需要保存，则选择菜单命令【文件】/【保存】将直接保存；如果是新文档还没有命名保存，此时将打开【另存为】对话框进行保存。如果对已经命名的文档换名保存，可选择菜单命令【文件】/【另存为】，也可以在【文件】面板中单击文件名使其处于修改状态来进行改名。如果想对所有打开的文档同时进行保存，可选择菜单命令【文件】/【保存全部】。在保存单个文档时，可以根据需要设置文档的保存类型。

2.1.4 页面属性

在当前文档中，选择菜单命令【修改】/【页面属性】或在【属性】面板中单击 页面属性... 按钮则打开【页面属性】对话框，下面对其进行简要介绍。

图2-2 【新建文档】对话框

一、外观

外观主要包括页面的基本属性，如页面字体类型、字体大小、字体颜色、背景颜色、背景图像和页边距等。Dreamweaver CS5的【页面属性】对话框提供了两种外观设置方式：【外观（CSS）】和【外观（HTML）】，如图2-3所示。

图2-3 两种外观设置方式

选择【外观（CSS）】分类将使用标准的CSS样式来进行设置，选择【外观（HTML）】分类将使用传统方式（非标准）来进行设置。例如，同样设置网页背景颜色，使用CSS样式和使用HTML方式的网页源代码是不一样的，如图2-4所示。

通过【外观（CSS）】分类，可以设置页面字体类型、粗体和斜体样式、文本大小、文本颜色、背景颜色、背景图像、重复方式以及页边距等。需要注意的是，通过【页面属性】对话框设置的字体、大小和颜色，将对当前网页中所有的文本都起作用。

在【页面字体】下拉列表中，有些字体列表每行有3～4种不同的字体，这些字体均以逗号隔开，如图2-5所示。浏览器在显示时，首先会寻找第1种字体，如果没有就继续寻找下一种字体，以确保计算机在缺少某种字体的情况下，网页的外观不会出现大的变化。

如果【页面字体】下拉列表中没有需要的字体，可以选择【编辑字体列表…】选项，弹出【编辑字体列表】对话框进行添加，如图2-6所示。单击➕按钮或➖按钮，将会在【字体列表】中增加或删除字体列表；单击▲按钮或▼按钮，将会在【字体列表】中上移或下移字体列表；单击《或》按钮，将会从【选择的字体】列表框中增加或删除字体。

图2-4 使用CSS样式和HTML方式设置网页背景

图2-5 【页面字体】下拉列表

在【大小】下拉列表中，文本大小有两种表示方式，一种用数字表示，另一种用中文表示。当选择数字时，其后面会出现大小单位列表，其中比较常用的是【像素】，即相对于屏幕的分辨率。

在【文本颜色】和【背景颜色】后面的文本框中可以直接输入颜色代码，也可以单击![](（颜色）按钮打开调色板选择相应的颜色，还可以单击![](系统颜色拾取器）按钮打开【颜色】拾取器调色板从中选择更多的颜色，如图2-7所示。

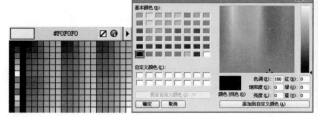

图2-6 【编辑字体列表】对话框　　　　　　　　　　图2-7 调色板

单击【背景图像】后面的 浏览(B)... 按钮，可以定义当前网页的背景图像，还可以在【重复】下拉列表中设置重复方式，如"不重复"、"重复"、"横向重复"和"纵向重复"。

在【左边距】、【右边距】、【上边距】和【下边距】文本框中，可以输入数值定义页边距，常用单位是"像素"。除"%（百分比）"以外，建议读者在制作网页时固定使用一种类型的单位，不要混用，否则会给网页的维护带来不必要的麻烦。

二、链接

通过【链接】分类，可以设置超级链接文本的字体、大小、链接文本的状态颜色和下划线样式，如图2-8所示。

【链接颜色】、【变换图像链接】、【已访问链接】、【活动链接】分别对应链接字体在正常时的颜色、鼠标指针经过时的颜色、鼠标单击后的颜色和鼠标单击时的颜色。默认状态下，链接文字为蓝色，已访问过的链接颜色为紫色。

【下划线样式】下拉列表主要用于设置链接字体的显示样式，主要包括4个选项，读者可以根据实际需要进行选择。

三、标题

为了使文档标题醒目，Dreamweaver提供了6种标题格式"标题1"～"标题6"，可以在【属性】面板的【格式】下拉列表中进行选择。当将标题设置成"标题1"～"标题6"中的某一种时，Dreamweaver会按其默认格式显示。但是，读者也可以通过【页面属性】对话框的【标题（CSS）】分类来重新设置"标题1"～"标题6"的字体、大小和颜色属性，如图2-9

所示。设置文档标题的HTML标签是"<hn>标题文字</hn>"，其中n的取值为1～6，n越小字号越大，n越大字号越小。

图2-8 【链接】分类 | 图2-9 【标题】分类

四、标题/编码

在【标题/编码】分类中，可以设置浏览器标题、文档类型和编码方式，如图2-10所示。其中，浏览器标题的HTML标签是"<title>…</title>"，它位于HTML标签"<head>…</head>"之间。

五、跟踪图像

在【跟踪图像】分类中，可以将设计草图设置成跟踪图像，铺在编辑的网页下面作为参考图，用于引导网页的设计，如图2-11所示。除了可以设置跟踪图像，还可以设置跟踪图像的透明度，透明度越高，跟踪图像显示得越明显。

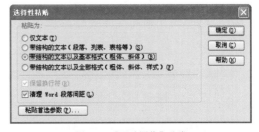

图2-10 【标题/编码】分类 | 图2-11 【跟踪图像】分类

如果要显示或隐藏跟踪图像，可以选择菜单命令【查看】/【跟踪图像】/【显示】。在网页中选定一个页面元素，然后选择菜单命令【查看】/【跟踪图像】/【对齐所选范围】，可以使跟踪图像的左上角与所选页面元素的左上角对齐。选择菜单命令【查看】/【跟踪图像】/【调整位置】可以通过设置跟踪图像的坐标值来调整跟踪图像的位置。选择菜单命令【查看】/【跟踪图像】/【重设位置】，可以使跟踪图像自动对齐编辑窗口的左上角。

2.1.5 添加文本

在网页文档中，添加文本的方法主要有以下几种。

- 输入文本：将光标定位在要输入文本的位置，使用键盘直接输入。
- 复制文本：使用复制/粘贴的方法从其他文档中复制/粘贴文本，此时将按【首选参数】对话框的【复制/粘贴】分类选项的设置进行粘贴文本，如果选择【选择性粘

贴】命令，将打开【选择性粘贴】对话框，如图2-12所示；此时可以根据需要选择相应的选项进行粘贴。

- 导入文本：选择菜单命令【文件】/【导入】/【Word文档】或【Excel文档】或【表格式数据】直接将Word文档、Excel文档或表格式数据导入网页文档中。

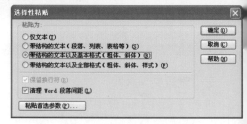

图2-12 【选择性粘贴】对话框

- 添加特殊符号：选择【插入】/【HTML】/【特殊字符】菜单中的相应命令可以插入版权、商标等特殊字符。还可以选择【其他字符】命令打开【插入其他字符】对话框来插入其他一些特殊字符，如图2-13所示。

图2-13 插入特殊字符

2.1.6 字体属性

字体属性包括字体类型、颜色、大小、粗体和斜体等内容。除了可以使用【页面属性】对话框对页面中的所有文本设置字体属性外，还可以通过【属性】面板或【格式】主菜单中的相应命令对所选文本进行字体属性设置，如图2-14所示。

图2-14 【属性】面板和【格式】主菜单

一、设置字体类型

通过【格式】/【字体】菜单中的相应命令或【属性】面板中的【字体】下拉列表可以设置所选文本的字体类型，如图2-15所示。

图2-15 【格式】/【字体】菜单中的相应命令和CSS【属性】面板中的【字体】下拉列表

二、设置字体颜色

通过菜单命令【格式】/【颜色】命令或单击【属性】面板的□▪按钮可以设置所选文本的颜色。

三、设置文本大小

通过【属性】面板中的【大小】下拉列表可以设置所选文本的大小。【大小】下拉列表可以选择设置文字大小，也可以由用户直接输入数字，然后在后边的下拉列表中选择单位。

四、设置文本加粗等样式

通过【格式】/【样式】菜单中的相应命令或单击【属性】面板的 **B** 按钮或 *I* 按钮可以设置所选文本的粗体、斜体等样式，如图2-16所示。

五、使用CSS规则

无论是使用菜单命令还是通过【属性】面板来设置文本的字体、大小和颜色属性，如果是第1次都将打开【新建CSS规则】对话框。在【选择器类型】下拉列表中选择选择器类型（在本讲建议读者选择第1项，这也是默认项），然后在【选择器名称】文本框中输入名称，如图2-17所示。

图2-16 设置样式

图2-17 【新建CSS规则】对话框

单击 确定(O) 按钮后，在【属性】面板的【目标规则】下拉列表中自动出现了样式名称，此时其他属性的定义都将在此CSS样式中进行，除非在【目标规则】下拉列表中选择【<新CSS规则>】选项，如图2-18所示。

图2-18 CSS【属性】面板

按图2-18所示设置的文本效果及源代码如图2-19所示。

如果要对其他文本应用该样式，可以选中这些文本，然后在【属性】面板中的【目标规则】下拉列表中选择该样式，也可以在【属性】面板的【类】下拉列表中选择该样式，如图2-20所示。如果要取消应用该样式，先将光标置于文本上，然后在【属性】面板中的【目标规则】下拉列表中选择【<删除类>】选项或在【属性】面板的【类】下拉列表中选择【无】选项。

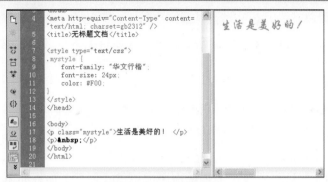

图2-19 文本效果及源代码

图2-20 【属性】面板

2.1.7 段落属性

段落在页面版式中占有重要的地位。下面介绍段落所涉及的基本知识，如分段与换行、文本对齐方式、文本缩进和凸出、列表、水平线等。

一、段落与换行

通过【属性】面板的【格式】下拉列表，可以设置正文的段落格式，即HTML标签"<p>…</p>"所包含的文本为一个段落，可以设置文档的标题格式为"标题1"～"标题6"，还可以将某一段文本按照预先格式化的样式进行显示，即选择【预先格式化的】选项，其HTML标签是"<pre>…</pre>"，如果要取消已设置的格式，选择【无】选项即可，如图2-21所示，也可以选择【格式】/【段落格式】菜单中的相应命令来进行设置。

在文档中输入文本时直接按<Enter>键也可以形成一个段落，其HTML标签是"<P>…</P>"，如果按<Shift>+<Enter>键或选择菜单命令【插入】/【HTML】/【特殊字符】/【换行符】，可以在段落中进行换行，其HTML标签是"
"，XHTML标签是"
"。默认状态下，段与段之间是有间距的，而通过换行符进行换行不会在两行之间形成大的间距，如图2-22所示。

图2-21 【格式】下拉列表

图2-22 段落与换行符

在文档中输入文本时，通常行与行之间的距离非常小，而段与段之间的距离又非常大，显得很不美观。如果学习了CSS样式后，可以通过标签CSS样式和类CSS样式进行设置。在没学习如何设置CSS样式之前，读者不妨直接在网页文档源代码的<head>和</head>标签之间添加如下代码。

```
<style type="text/css">
```

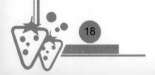

```
p {
line-height: 20px;
margin-top: 5px;
margin-bottom: 5px;
}
</style>
```

　　这是一段标签CSS样式，其中，"p"是HTML的段落标记符号，"line-height"表示行高，"margin-top"表示段前距离，"margin-bottom"表示段后距离。读者可根据实际需要，修改这些数字来调整行距和段落之间的距离。需要特别说明的是，段与段之间的距离等于上一个段落的段后距离加下一个段落的段前距离，再加行高。如果段前和段后距离均设置为0，那么段与段之间的距离就等于行距，即行与行之间的距离。

二、文本对齐方式

　　文本的对齐方式通常有4种：左对齐、居中对齐、右对齐和两端对齐。可以在【属性】面板中分别单击▤按钮、▤按钮、▤按钮和▤按钮来进行设置，也可以通过【格式】/【对齐】菜单中的相应命令来实现。这两种方式的效果是一样的，但使用的代码不一样。前者使用CSS样式进行定义，后者使用HTML标签进行定义，如图2-23所示。如果同时设置多个段落的对齐方式，则需要先选中这些段落。

图2-23　设置对齐方式

三、文本缩进和凸出

　　在文档排版过程中，有时会遇到需要使某段文本整体向内缩进或向外凸出的情况。单击【属性】面板上的▤按钮（或▤按钮），或者选择菜单命令【格式】/【缩进】（或【凸出】），可以使段落整体向内缩进（或向外凸出）。如果同时设置多个段落的缩进和凸出，则需要先选中这些段落。

四、列表

　　列表的类型通常有编号列表、项目列表和定义列表等，最常用的是项目列表和编号列表。在HTML【属性】面板中单击▤（项目列表）按钮或者选择菜单命令【格式】/【列表】/【项目列表】可以设置项目列表格式，在【属性】面板中单击▤（编号列表）按钮或者选择菜单命令【格式】/【列表】/【编号列表】可以设置编号列表格式，如图2-24所示。

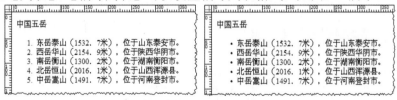

图2-24　编号列表和项目列表

　　可以根据需要设置列表属性，方法是将光标置于列表内，然后通过以下任意一种方法打开【列表属性】对话框进行设置即可，如图2-25所示。

图2-25 【列表属性】对话框

- 选择菜单命令【格式】/【列表】/【属性】。
- 在鼠标右键快捷菜单中选择【列表】/【属性】命令。
- 在【属性】面板中单击 列表项目... 按钮。

列表可以嵌套，方法是首先设置1级列表，然后在1级列表中选择需要设置为2级列表的内容，使其缩进一次，并根据需要重新设置其列表类型，如图2-26所示。

五、水平线

在制作网页时，经常要插入水平线来对内容进行区域分割，插入方法是选择菜单命令【插入】/【HTML】/【水平线】即可。选中水平线，在【属性】面板中还可以设置水平线的

图2-26 列表的嵌套

id名称、宽度、高度、对齐方式和是否具有阴影效果等，如图2-27所示。

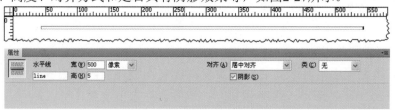

图2-27 插入水平线

2.1.8 插入日期

许多网页在页脚位置都有日期，而且每次修改保存后都会自动更新该日期，可以选择菜单命令【插入】/【日期】打开【插入日期】对话框进行参数设置。需要注意的是，只有在【插入日期】对话框中选中【储存时自动更新】复选框，才能在更新网页时自动更新日期，而且也只有选择了该选项，才能使单击日期时显示日期的【属性】面板，否则插入的日期仅仅是一段文本而已，如图2-28所示。

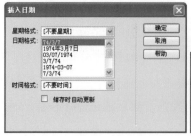

图2-28 插入日期

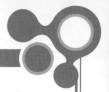

2.2 范例解析

下面通过具体范例来学习创建文档和设置文本格式的基本方法。

2.2.1 神秘园

根据要求创建文档并进行格式设置，最终效果如图2-29所示。

(1) 创建一个新文档并保存为“2-2-1.htm”，然后将素材文档“神秘园.doc”中的内容复制并选择性粘贴到网页文档中。

(2) 设置页面字体为“宋体”、大小为“14像素”，浏览器标题为“神秘园”。

(3) 将文档标题“神秘园”应用【标题2】格式并居中对齐。

(4) 将文本“罗尔夫•劳弗兰和菲奥诺拉•莎莉”的字体设置为“楷体”，颜色设置为“#F00”，并添加下划线效果。

(5) 将文档最后5行设置为项目符号列表方式显示。

(6) 将每段开头空两个汉字的位置。

神秘园

神秘园是一支著名的新世纪音乐风格的乐队，由两位才华出众的音乐家组成：罗尔夫•劳弗兰和菲奥诺拉•莎莉。

乐队成立于1994年，其音乐溶合了爱尔兰空灵飘渺的乐风以及挪威民族音乐及古典音乐，乐曲恬静深远，自然流畅，使人不知不觉便已溶入其中。

1997年8月，被誉为挪威国宝级的神秘园乐队首次踏上中国，只举行了一些小型演出，欣赏的观众反响热烈。

10月26日他们作为挪威杰出音乐家代表随挪威国王和王后访问了中国，并进行非公开的表演，由于两场小型演出的规模太小，对神秘园向往已久的中国观众无缘亲眼目睹这个著名音乐组合的风采。

11月，神秘园作为第六届上海国际广播电视节开幕式演出的特邀嘉宾再到中国并在上海举行了一次较大规模的公演，近万名上海观众一饱了眼福。

2010年元旦前后神秘园又在中国进行了巡演。

- 2009-12-28 广州（广州白云国际会议中心世纪大会堂）
- 2009-12-30 北京（人民大会堂）
- 2009-12-31 上海（上海东方艺术中心）
- 2010-01-01 重庆（重庆大剧院）
- 2010-01-02 南京（南京五台山体育馆）

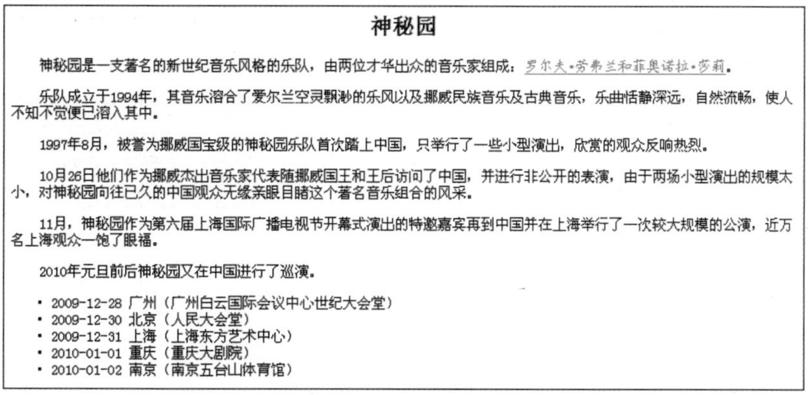

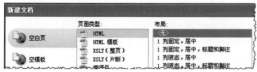

图2-29 神秘园

这是一个创建文档和设置文本格式的例子，具体操作步骤如下。

1. 选择菜单命令【文件】/【新建】，弹出【新建文档】对话框，然后选择【空白页】/【HTML】/【无】选项，并单击 创建(R) 按钮创建文档，如图2-30所示。

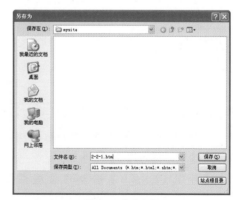

图2-30 选择【空白页】/【HTML】/【无】选项

2. 选择菜单命令【文件】/【保存】打开【另存为】对话框，将文件保存为“2-2-1.htm”，如图2-31所示。

图2-31 保存文档

3. 添加内容。

(1) 打开素材文档“神秘园.doc”，全选所有文本内容并进行复制，如图2-32所示。

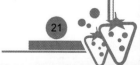

图2-32 复制文本

(2) 在Dreamweaver中选择菜单命令【编辑】/【选择性粘贴】打开【选择性粘贴】对话框，选项设置如图2-33所示。

图2-33 【选择性粘贴】对话框

(3) 单击 确定(0) 按钮粘贴文本，如图2-34所示。

图2-34 粘贴文本

4. 设置页面属性。

(1) 选择菜单命令【修改】/【页面属性】，打开【页面属性】对话框。

(2) 在【外观（CSS）】分类中设置页面字体为"宋体"，大小为"14像素"，如图2-35所示。

图2-35 设置【外观（CSS）】分类

(3) 在【标题/编码】分类中，设置文档的浏览器标题为"神秘园"，如图2-36所示。

图2-36 设置浏览器标题

(4) 单击 确定(0) 按钮关闭【页面属性】对话框。

5. 设置文档标题。

(1) 将光标置于文档标题"神秘园"所在行，然后在【属性】面板中单击 <> HTML 按钮，在面板的【格式】下拉列表中选择"标题2"，如图2-37所示。

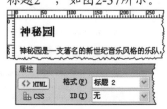

图2-37 设置文档标题格式

(2) 接着选择菜单命令【格式】/【对齐】/【居中对齐】使标题居中对齐。

6. 设置正文格式。

(1) 选中文本"罗尔夫·劳弗兰和菲奥诺拉·莎莉"，并在【属性】面板中单击 CSS 按钮，在【字体】下拉列表中选择"楷体"（如果没有需要编辑字体列表进行添加字体），打开【新建CSS规则】对话框，输入选择器名称"author"，如图2-38所示。

图2-38 【新建CSS规则】对话框

2) 单击 确定(O) 按钮关闭对话框，然后在【属性】面板中单击 按钮，在打开的对话框中选择红色 "#F00"，如图2-39所示。

图2-39 选择颜色

(3) 选择菜单命令【格式】/【样式】/【下划线】给所选文本添加下划线效果，如图2-40所示。

图2-40 添加下划线效果

(4) 选择文档最后5行文本，在【属性】面板中单击 HTML 按钮，然后单击 按钮将其设置为项目符号列表格式，如图2-41所示。

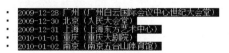

图2-41 设置项目符号列表

(5) 保证在【首选参数】对话框中已选择【允许多个连续的空格】复选框，然后依次在每段的开头连续按4次空格键，使每段开头空出两个汉字的位置。

7. 选择菜单命令【文件】/【保存】再次保存文件。

2.2.2 观上海世博有感

根据要求创建和设置文档格式，最终效果如图2-42所示。

(1) 创建一个新文档并保存为 "2-2-2.htm"，然后导入素材文档 "观上海世博有感.doc"。

(2) 设置页面字体为 "宋体"，大小为 "14像素"，浏览器标题为 "观上海世博有感"。

(3) 将【标题2】的字体修改为 "黑体"，大小修改为 "24像素"，然后将其应用到文档标题 "观上海世博有感"，同时设置文档标题居中对齐。

(4) 将文本 "城市，让生活更美好" 的字体设置为 "楷体"，并添加下划线效果。

(5) 添加CSS样式代码，使行与行之间的距离为 "20像素"，段前段后距离均为 "5像素"。

(6) 在每段开头空出两个汉字的位置。

这是一个创建文档和设置文本格式的例子，具体操作步骤如下。

1. 新建一个空白HTML文档并保存为 "2-2-2.htm"。

2. 导入文档。

(1) 选择菜单命令【文件】/【导入】/【Word文档】打开【导入Word文档】对话框，选择素材文档"观上海世博有感.doc"，设置【格式化】参数，如图2-43所示。

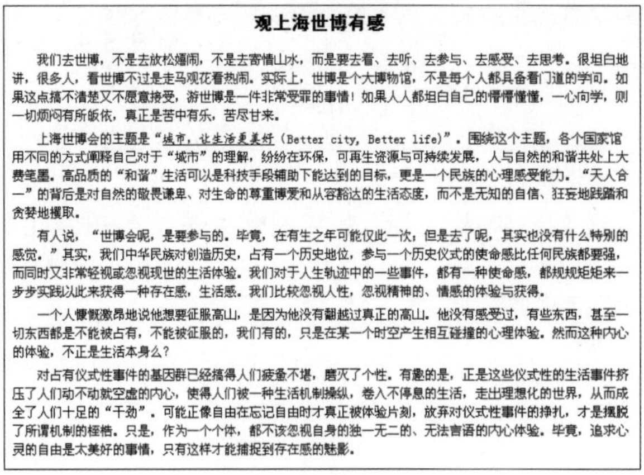

图2-42 观上海世博有感 　　　　图2-43 【导入Word文档】对话框

(2) 单击 打开① 按钮导入文档，如图2-44所示。

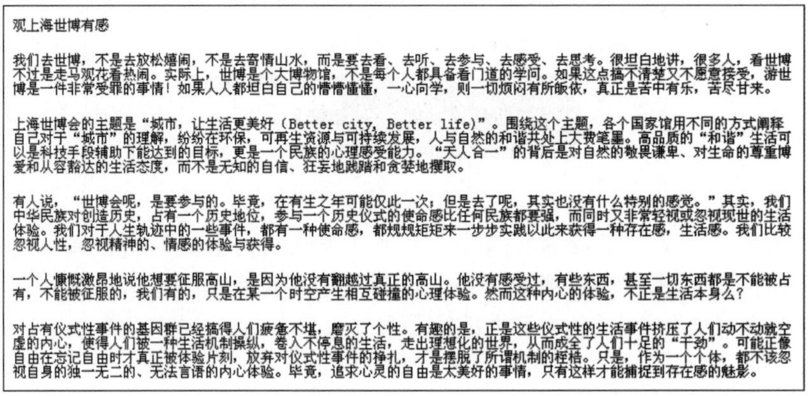

图2-44 导入文档

3. 设置页面属性。

(1) 选择菜单命令【修改】/【页面属性】，打开【页面属性】对话框。

(2) 在【外观（CSS）】分类中设置页面字体为"宋体"，大小为"14像素"。

(3) 在【标题（CSS）】分类中将【标题2】的字体修改为"黑体"，大小修改为"24像素"，如图2-45所示。

图2-45 设置【标题2】属性

(4) 在【标题/编码】分类中，设置文档的浏览器标题为"观上海世博有感"。

(5) 设置完毕后单击 确定⑩ 按钮关闭【页面属性】对话框。

4. 设置文档标题。

(1) 将光标置于文档标题"观上海世博有感"所在行，然后在【属性】面板中单击 ‹›HTML 按

钮，在面板的【格式】下拉列表中选择"标题2"。

2) 接着选择菜单命令【格式】/【对齐】/【居中对齐】使标题居中对齐。

5. 设置正文格式。

1) 选中文本"城市，让生活更美好"，并在【属性】面板中单击 CSS 按钮，在【字体】下拉列表中选择"楷体"，在打开的【新建CSS规则】对话框中输入选择器名称"city"。

2) 单击 确定(O) 按钮关闭对话框，然后选择菜单命令【格式】/【样式】/【下划线】给所选文本添加下划线效果。

3) 在【文档】工具栏中单击 代码 按钮，在`<head>`与`</head>`之间添加CSS样式代码，使行与行之间的距离为"20像素"，段前段后距离均为"5像素"，如图2-46所示。

```
<head>
<meta http-equiv="Content-Type" content="text/html; charset=gb2312" />
<title>观上海世博有感</title>
<style type="text/css">
body,td,th {
    font-family: "宋体";
    font-size: 14px;
}
h1,h2,h3,h4,h5,h6 {
    font-family: "黑体";
}
h1 {
    font-size: 24px;
}
.city {
    font-family: "楷体_GB2312";
}
p {
    line-height: 20px;
    margin-top: 5px;
    margin-bottom: 5px;
}
</style>
</head>
```

图2-46 添加代码

4) 依次在每段的开头连续按4次空格键，使每段开头空出两个汉字的位置。

6. 选择菜单命令【文件】/【保存】再次保存文件。

2.3 课堂实训

下面通过课堂实训来进一步巩固创建文档和设置文本格式的基本知识。

2.3.1 希望

创建文档并设置文本格式，最终效果如图2-47所示。

希望

也许是昨日的飘泼大雨，

也许是今朝的晴空万里，

也许是清晨的朦胧薄雾，

也许是黄昏的似火晚霞，

或应是沙漠中的绿洲，

必定是前进的力量。

2010年9月17日

图2-47 希望

这是一个创建文档和设置文本格式的例子，步骤提示如下。

1. 创建文档并保存为"2-3-1.htm"，然后复制粘贴文本"希望.doc"。

2. 将页面字体设置为"宋体"，大小设置为"18像素"，页边距设为"10像素"。

3. 将浏览器标题设置为"希望"。

4. 将文档标题应用【标题2】格式并通过菜单命令设置居中对齐。

5. 通过菜单命令将所有正文文本设置为居中对齐。

6. 在文档最后插入一条水平线。

7. 在水平线下面插入能够自动更新的日期，同时通过菜单命令设置其居中对齐。

2.3.2 畅想亚运

创建文档并设置文本格式，最终效果如图2-48所示。

畅想亚运

这是一个激动人心的日子，期待已久的2010年亚运会终于拉开了序幕。

第16届亚运会将在中国广州举行，这是继奥运会后中国体育界的又一大盛事。

围绕"激情盛会，和谐亚洲"的理念、宗旨和目标，象征羊城广州的会徽"乐羊羊"亚运吉祥物，是由五只不同颜色、形态各异的羊组成的，全名为"祥和如意乐洋洋"。看到这个徽章，不由感慨万千，在成功申办2008年奥运会后，中国广州又再次得到亚洲人民的认可，让中国再次站在世界的舞台上。

当亚运从多哈转到"五羊石像"下，亚洲人的目光再次投向了这个日益强大的东方国家，投向了这个正在迅速发展的城市。

我们将迎接从亚洲各国来的宾客、运动健儿，同来自亚洲各地的游客亲切地交流，让亚洲更了解广州，更了解中国！

我们也会用自己的双手建造起一个绿色的家园，让我们的天更蓝、水更清，广州更加干净、更加整洁。给来自亚洲的朋友一个绿色的广州，让他们看到一个绿色的亚运！同时我们会号召更多的人自觉抵制不良行为，使广州更加文明、更加热情、更加和谐！让亚洲看到一个文明、和谐的亚运，让亚洲看到一个文明、和谐的广州。

2010年9月17日

图2-48 畅想亚运

这是一个创建文档和设置文本格式的例子，步骤提示如下。

1. 创建文档并保存为"2-3-2.htm"，然后导入文档"畅想亚运.doc"。
2. 将页面字体设置为"宋体"、大小设置为"16像素"，页边距设为"10像素"。
3. 将浏览器标题设置为"畅想亚运"。
4. 将文档标题应用【标题2】格式并通过菜单命令设置居中对齐。
5. 将正文中的文本"激情盛会，和谐亚洲"的颜色设置为"#F00"并添加下划线效果。
6. 添加CSS样式代码，使行与行之间的距离为"25像素"，段前段后距离均为"5像素"。
7. 在文档最后插入一条水平线。
8. 在水平线下面插入能够自动更新的日期，同时通过菜单命令设置其居中对齐。
9. 将每段开头空两个汉字的位置。

2.4 综合案例——奥运留给我们什么

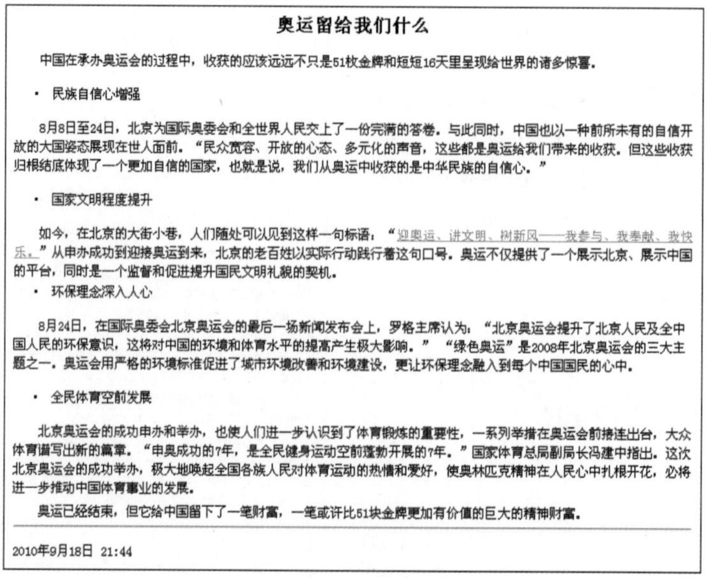

根据要求创建文档并进行格式设置，最终效果如图2-49所示。

(1) 创建一个新文档并保存为"2-4.htm"，然后将素材文档"奥运留给我们什么.doc"中的内容复制粘贴到网页文档中。

(2) 将页面字体设置为"宋体"，大小设置为"14像素"，页边距设为"10像素"，将浏览器标题设置为"奥运留给我们什么"。

(3) 将文档标题应用【标题2】格式并居中对齐，将正文中"迎奥运、讲文明、树新风——我参与、我奉献、我快乐。"的字体设置为"黑体"，颜色设置为"#F00"，同时添加下划线效果，并将正文中的小标题设置为项目符号排列。

(4) 添加CSS样式代码，使行与行之间的距离为"20像素"，段前段后距离均为"5像素"。

(5) 在每段开头空出两个汉字的位置，在文档最后插入一条水平线。

(6) 在水平线下面插入能够自动更新的日期。

![奥运留给我们什么效果图]

图2-49 奥运留给我们什么

这是一个创建文档和设置文本格式的例子，具体操作步骤如下。

1. 新建一个空白HTML文档并保存为"2-4.htm"，然后打开素材文档"奥运留给我们什么.doc"，全选所有文本内容并进行复制。

2. 在Dreamweaver中选择菜单命令【编辑】/【选择性粘贴】打开【选择性粘贴】对话框，选项设置如图2-50所示，然后单击 确定(D) 按钮粘贴文本。

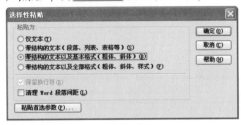

图2-50 【选择性粘贴】对话框

3. 选择菜单命令【修改】/【页面属性】打开【页面属性】对话框，在【外观（CSS）】分类中，设置页面字体为"宋体"，大小为"14像素"，页边距均为"10像素"，在【标题/编码】分类中，设置文档的浏览器标题为"奥运留给我们什么"，设置完毕后单击 确定(D) 按钮关闭【页面属性】对话框，效果如图2-51所示。

奥运留给我们什么

中国在承办奥运会的过程中，收获的应该远远不只是51枚金牌和短短16天里呈现给世界的诸多惊喜。

民族自信心增强

8月8日至24日，北京为国际奥委会和全世界人民交上了一份完满的答卷。与此同时，中国也以一种前所未有的自信开放的大国姿态展现在世人面前。"民众宽容、开放的心态、多元化的声音，这些都是奥运给我们带来的收获。但这些收获归根结底体现了一个更加自信的国家，也就是说，我们从奥运中收获的是中华民族的自信心。"

国家文明程度提升

如今，在北京的大街小巷，人们随处可以见到这样一句标语："迎奥运、讲文明、树新风——我参与、我奉献、我快乐。"从申办成功到迎接奥运到来，北京的老百姓以实际行动践行着这句口号。奥运不仅提供了一个展示北京、展示中国的平台，同时是一个监督和促进提升国民文明礼貌的契机。

环保理念深入人心

8月24日，在国际奥委会北京奥运会的最后一场新闻发布会上，罗格主席认为："北京奥运会提升了北京人民及全中国人民的环保意识，这将对中国的环境和体育水平的提高产生极大影响。""绿色奥运"是2008年北京奥运会的三大主题之一。奥运会用严格的环境标准促进了城市环境改善和环境建设，更让环保理念融入到每个中国国民的心中。

全民体育空前发展

北京奥运会的成功申办和举办，也使人们进一步认识到了体育锻炼的重要性，一系列举措在奥运会前接连出台，大众体育谱写出崭新的篇章。"申奥成功的7年，是全民健身运动空前蓬勃开展的7年。"国家体育总局副局长冯建中指出。这次北京奥运会的成功举办，极大地唤起全国各族人民对体育运动的热情和爱好，使奥林匹克精神在人民心中扎根开花，必将进一步推动中国体育事业的发展。

奥运已经结束，但它给中国留下了一笔财富，一笔或许比51块金牌更有价值的巨大的精神财富。

图2-51 设置页面属性后的效果

4. 将光标置于文档标题"奥运留给我们什么"所在行，然后在【属性】面板的【格式】下拉列表中选择"标题2"，并在菜单栏中选择菜单命令【格式】/【对齐】/【居中对齐】设置其居中对齐。

5. 选中文本"迎奥运、讲文明、树新风——我参与、我奉献、我快乐。"，然后在【属性】面板的【字体】下拉列表中选择"黑体"，弹出【新建CSS规则】对话框，在【选择器名称】文本框中输入"textstyle"，如图2-52所示。

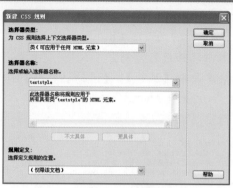

图2-52 【新建CSS规则】对话框

6. 单击 确定(0) 按钮关闭对话框，然后单击■按钮设置文本颜色为红色 "#F00"，如图2-53所示。

图2-53 设置文本颜色

7. 选择菜单命令【格式】/【样式】/【下划线】给所选文本添加下划线效果，如图2-54所示。

图2-54 添加下划线效果

8. 将光标置于正文中的小标题"民族自信心增强"所在行，然后在【属性】面板中单击■按钮将文本设置为项目符号排列，然后运用同样的方法设置小标题"国家文明程度提升"、"环保理念深入人心"、"全民体育空前发展"为项目符号列表。

9. 在【文档】工具栏中单击 代码 按钮，在<head>与</head>之间添加CSS样式代码，使行与行之间的距离为"20像素"，段前段后距离均为"5像素"，如图2-55所示。

10. 依次在每段的开头连续按4次空格键，使每段开头空出两个汉字的位置。

11. 将光标置于文档最后，然后选择菜单命令【插入】/【HTML】/【水平线】插入水平线。

12. 插入水平线后按<Enter>键将光标移至下一段，然后选择菜单命令【插入】/【日期】打开【插入日期】对话框进行参数设置，并选中【储存时自动更新】复选框，如图2-56所示。

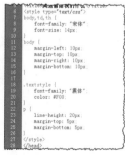

图2-55 添加代码

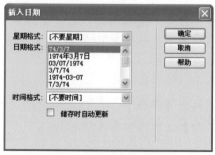

图2-56 【插入日期】对话框

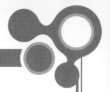

13. 选择菜单命令【文件】/【保存】保存文档。

2.5 课后作业

一、思考题

1. 创建HTML文档的方法概括起来主要有哪几种？
2. 通过菜单命令和【属性】面板设置对齐方式有何区别？
3. 在HTML文档中段落与换行有何区别？
4. 如何设置行与行以及段与段之间的距离？

二、操作题

根据提示设置文档，最终效果如图2-57所示。

人生可以随时开始

日本作家中岛薰曾说：“认为自己做不到，只是一种错觉。我们开始做某事前，往往考虑能否做到，接着就开始怀疑自己，这是十分错误的想法。”

人生可以随时重新开始，没有年龄限制，没有性别区分，只要有决心和信心，梦想，即使到了70岁也能实现。

有一部电影，讲的是一个年轻人，因为自己恋慕已久的女人要嫁给一个富商，十分痛苦。自此自暴自弃，每天喝得烂醉如泥。

一个在镇上颇有威望的老者见到他这副模样，于是呵斥道：“有本事你就把她追回来。”

“可是，她已经要嫁给别人了。”年轻人哀怨地说。

“如果你有本事，你就有机会，你还有时间，你需要的是振作！”老者义正词严地说。

“可我一无所有，怕是没什么指望了。”年轻人哀怨着。

“你还有今天。你还有明天。你还有一身的力气。”老者说道。

在老人的殷殷教诲之下，年轻人终于鼓起勇气，离开了小镇，远走他乡……

三年后，年轻人回到镇上，找到了那位教诲他的老人。老人告诉他，那个女人已经嫁给了富翁。年轻人笑了笑，说：“一切都已经过去了，你教给我的不是怎么娶一个女人，而是教会我做人的道理，这才是最重要的。”

今天是一个结束，又是一个开始。昨天的成功也好，失败也好，今天都可以重新开始，重新开拓自己的人生。昨天失败了，不要紧，今天忘了它，总结失败的教训，继续新的努力。即便昨天是成功的，今天依旧要重新开始，在成功的基础上继续努力，争取更辉煌的进步。

人生就是不断重新开始的过程，随时都可以有新的开始，新的希望，新的天空。

2010-09-19 23:22

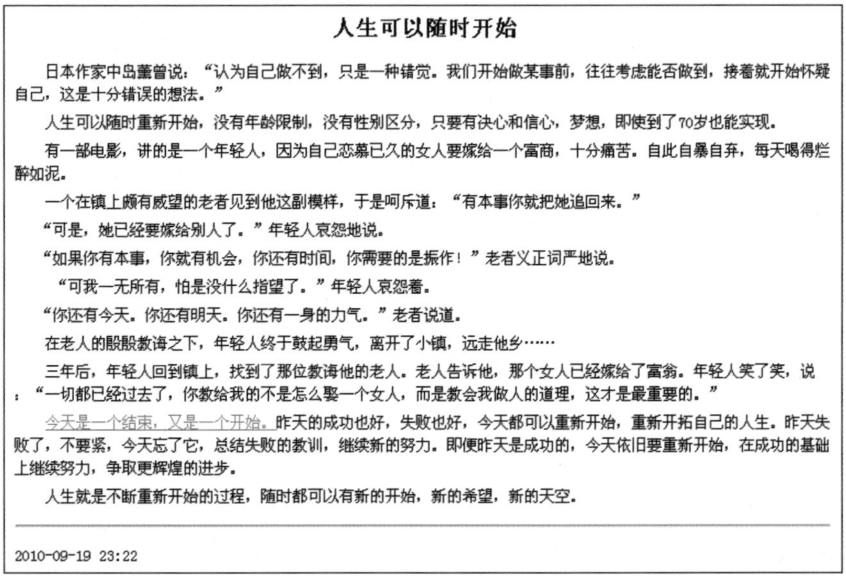

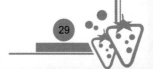

图2-57 人生可以随时开始

【步骤提示】

1. 创建一个新文档并保存为“lianxi.htm”。
2. 将素材文档“人生可以随时开始.doc”的内容复制粘贴到新创建的文档中，保留文本的基本结构和格式，但不保留换行符，不清理Word段落间距。
3. 将页面字体设置为“宋体”，大小为“14像素”，页边距均为“10像素”，浏览器标题为“人生可以随时开始”。
4. 将每段开头空出两个汉字的位置。
5. 将文档标题设置为“标题2”格式并居中显示，将文本“今天是一个结束，又是一个开始。”的颜色设置为“#F00”并添加下划线效果。
6. 在正文最后插入一条水平线，在水平线下面插入日期，日期格式为“1974-03-07”，时间格式为“22:18”，在存储时自动更新。
7. 添加CSS样式代码，使行与行之间的距离为“20像素”，段前段后距离均为“5像素”。

第**3**讲
插入图像和媒体

图像和媒体不仅可为网页增色添彩，还可以更好地配合文本传递信息。本讲将介绍在网页中插入图像和媒体的基本方法。

【本讲课时】

本讲课时为2小时。

【教学目标】

● 掌握插入图像的方法。

● 掌握设置图像属性的方法。

● 掌握插入图像占位符的方法。

● 掌握插入SWF动画的方法。

3.1 功能讲解

下面对图像和媒体的基本知识进行简要介绍。

3.1.1 网页图像格式

网页中图像的作用基本上可分为两种：一种是起装饰作用，另一种是起传递信息的作用。网页中比较常用的图像格式主要有GIF、JPEG和PNG等。

一、GIF格式

GIF格式，文件扩展名为".gif"，是在Web上使用最早、应用最广泛的图像格式。它具有文件尺寸小、支持透明背景、可以制作动画和交错下载等优点，适合制作网站Logo、广告条Banner和网页背景图像等。

二、JPEG格式

JPEG格式，文件扩展名为".jpg"，是目前互联网中最受欢迎的图像格式。它具有图像压缩率高、文件尺寸小、图像不失真等优点，适合制作颜色丰富的图像，如照片等。

三、PNG格式

PNG格式，文件扩展名为".png"，是最近使用量逐渐增多的图像格式，也是图像处理软件Fireworks固有的文件格式。该格式图像在压缩方面能够像GIF格式的图像一样没有压缩上的损失，并能像JPEG那样呈现更多的颜色。而且PNG格式也提供了一种隔行显示方案，在显示速度上比GIF和JPEG更快一些。

3.1.2 插入图像

下面介绍插入图像最简单、最常用的两种方式。

一、通过【选择图像源文件】对话框插入图像

将光标置于要插入图像的位置，然后选择的命令【插入】/【图像】，或者在【插入】/【常用】面板中单击图像按钮组中的 ▣ （图像）按钮，均将弹出【选择图像源文件】对话框，选择需要的图像并单击 [确定(0)] 按钮，即可将图像插入到文档中，如图3-1所示。

二、通过【文件】面板拖曳图像

在【文件】面板中选中图像文件，然后将其拖曳到文档中适当位置，如图3-2所示。

图3-1 【选择图像源文件】对话框

图3-2 【文件】面板

3.1.3 图像属性

在网页中插入图像后，有时还需要设置图像属性使其更符合实际需要，如图3-3所示。

图3-3 图像【属性】面板

一、图像名称和ID

图像【属性】面板左上方是图像的缩略图，缩略图右侧的【ID】文本框用于设置图像的名称和ID。

二、图像宽度和高度

图像【属性】面板的【宽】和【高】文本框用于设置图像的显示宽度和高度。在修改了图像的宽度和高度后，在文本框的后面会出现 **C** 按钮，单击它文本框将恢复图像的实际大小数据。

三、源文件

图像【属性】面板的【源文件】文本框用于显示已插入图像的路径，如果要用新图像替换已插入的图像，可以在【源文件】文本框中输入新图像的文件路径即可，也可通过单击 按钮来选择图像文件。

四、替换文本

图像【属性】面板的【替换】下拉列表用于设置图像的描述性信息。浏览网页时，当鼠标指针移动到图像上或图像不能正常显示时，图像会显示这些信息。

五、图像边距

图像【属性】面板的【垂直边距】和【水平边距】文本框用于设置图像在垂直方向和水平方向与其他页面元素的间距。

六、图像边框

图像【属性】面板的【边框】文本框用于设置图像边框的宽度。

七、图像对齐

图像【属性】面板的【对齐】下拉列表用于设置图像与周围文本或其他对象的位置关系。在【对齐】下拉列表中选择"左对齐"或"右对齐"是实现图像与文本混排的常用方法。

3.1.4 图像占位符

在制作网页时如果还没有需要的图像，可以临时插入图像占位符，等到有适合的图像后再插入图像文件。插入图像占位符的方法是，在选择菜单命令【插入】/【图像对象】/【图像占位符】，或者在【插入】/【常用】面板中单击图像按钮组中的 （图像占位符）按钮，弹出【图像占位符】对话框，并根据需要设置相关参数即可，如图3-4所示。

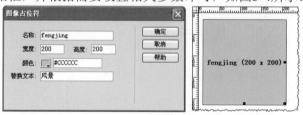

图3-4 插入图像占位符

通过【属性】面板还可以修改图像占位符的属性，如图3-5所示。

图3-5 图像占位符【属性】面板

3.1.5 设置背景

在制作网页时，经常需要设置背景图像或背景颜色。设置整个网页的背景图像或背景颜色，可通过【页面属性】对话框进行。方法是，选择菜单命令【修改】/【页面属性】或在【属性】面板中单击 页面属性... 按钮，打开【页面属性】对话框，在【外观（CSS）】分类中，可通过【背景颜色】文本框来设置网页的背景颜色，通过【背景图像】文本框来设置网页图像，通过【重复】下拉列表框可设置背景图像的重复方式，如图3-6所示。

在【外观（HTML）】分类中，也可以设置网页的背景图像和背景颜色，如图3-7所示。读者需要明白的是，外观（CSS）方式是使用CSS方式设置背景图像和背景颜色，而外观（HTML）方式是使用HTML方式设置背景图像和背景颜色，但没法设置图像的重复方式。

图3-6 外观（CSS）

图3-7 外观（HTML）

3.1.6 SWF动画

Flash技术是实现和传递矢量图像和动画的首要解决方案，其播放器是Flash Player。Flash通常有3种文件格式：FLA源文件、SWF动画文件和FLV视频文件。其中，FLA源文件是在Flash中创建的文件格式，不能在Dreamweaver中直接使用；SWF动画文件是由FLA源文件输出后的动画文件格式，可在Dreamweaver和浏览器中使用；FLV视频文件包含经过编码的音频和视频数据，可在Dreamweaver和浏览器中使用。

插入SWF动画的方法是，选择菜单命令【插入】/【媒体】/【SWF】，或在【插入】/【常用】面板的媒体按钮组中单击 （SWF）按钮，当然也可以在【文件】面板中选中SWF动画文件直接拖动到文档中。

插入SWF动画后，其【属性】面板如图3-8所示。

图3-8 【属性】面板

下面对Flash动画【属性】面板中的相关选项简要说明如下。

- 【FlashID】：为所插入的SWF动画文件命名，可以进行修改。
- 【宽】和【高】：用于定义SWF动画的显示尺寸。
- 【文件】：用于指定SWF动画文件的路径。
- 【循环】：选择该复选框，动画将在浏览器端循环播放。

- 【自动播放】：选择该复选框，SWF动画文档在被浏览器载入时，将自动播放。
- 【垂直边距】和【水平边距】：用于定义SWF动画边框与该动画周围其他内容之间的距离，以像素为单位。
- 【品质】：用来设定SWF动画在浏览器中的播放质量。
- 【比例】：用来设定SWF动画的显示比例。
- 【对齐】：设置SWF动画与周围内容的对齐方式。
- 【Wmode】：设置SWF动画背景模式。
- 【背景颜色】：用于设置当前SWF动画的背景颜色。
- 🔲 编辑(E)：单击该按钮，将在Flash软件中处理源文件，当然要确保有源文件".fla"的存在，如果没有安装Flash软件，该按钮将不起作用。
- ▶ 播放：单击该按钮，将在设计视图中播放SWF动画。
- 参数...：单击该按钮，将设置使Flash能够顺利运行的附加参数。

3.2 范例解析——芭提雅

将素材文件复制到站点根文件夹下，然后根据要求设置文档，最终效果如图3-9所示。

(1) 设置背景图像为"bg.jpg"。

(2) 在正文第1段的开头处插入图像"batiya.jpg"，并设置其宽度为"250"，高度为"115"，替换文本为"芭提雅"，边距为"5"，对齐方式为"左对齐"。

(3) 在正文第4段的结尾处插入SWF动画"batiya.swf"，并设置边距为"5"，对齐方式为"右对齐"，且循环自动播放。

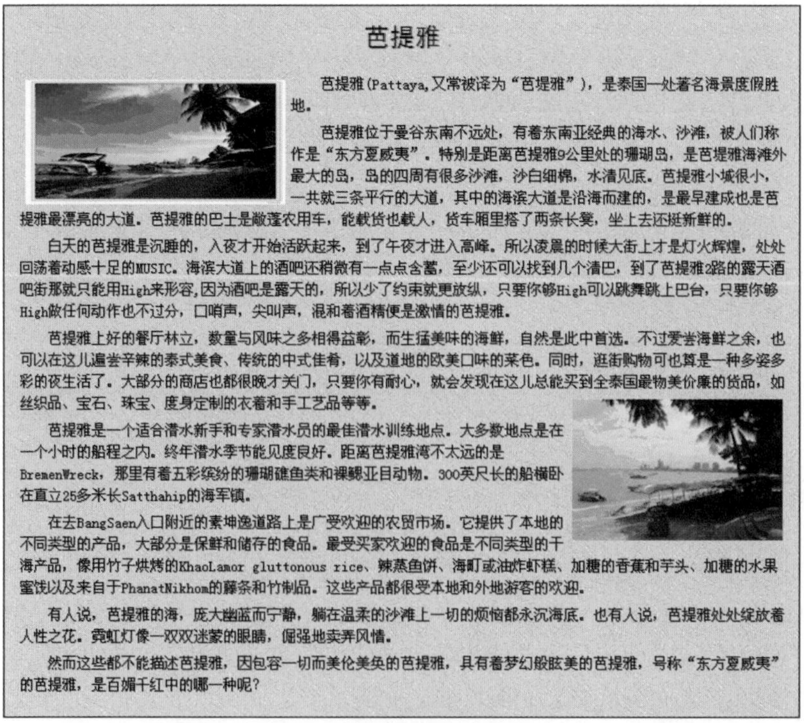

图3-9 芭提雅

这是一个插入和设置图像及SWF动画的例子，可以分别插入图像和SWF动画，然后通过【属性】面板设置其相关属性，具体操作步骤如下。

1. 打开文档"3-2.htm"，如图3-10所示。

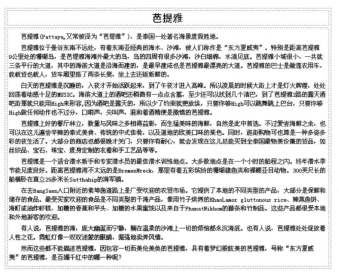

芭提雅

芭提雅(Pattaya，又常被译为"芭堤雅")，是泰国一处著名海景度假胜地。

芭提雅位于曼谷东南不远处，有着东南亚经典的海水、沙滩，被人们称作是"东方夏威夷"。特别是距离芭提雅9公里处的珊瑚岛，是芭堤雅海滩外最大的岛，岛的四周有很多沙滩，沙白细绵，水清见底。芭提雅小城很小，一共就三条平行的大道，其中的海滨大道是沿海而建的，是最早建成也是芭提雅最漂亮的大道。芭提雅的巴士是敞篷农用车，能载货也载人，货车厢里搭了两条长凳，坐上去还挺新鲜的。

白天的芭提雅是沉睡的，一入夜才开始活跃起来，到了午夜才进入高峰。所以凌晨的时候大街上才是灯火辉煌，处处回荡着动感十足的MUSIC。海滨大道上的酒吧还稍微有一点点含蓄，至少还可以找到几个清巴，到了芭提雅2路的露天酒吧街那就只能用High来形容了，因为酒吧是露天的，所以少了约束更放纵，只要你够High可以跳舞跳上巴台，只要你够High敲任何动作也不过分，口哨声，尖叫声，混和着狂精愎是激情的芭提雅。

芭提雅上好的餐厅林立，数量与风味之多相得益彰，而生猛味的海鲜，自然是此中首选。不过爱尝海鲜之余，也可以在这儿遍尝辛辣的泰式美食、传统的中式佳肴，以及道地的欧美口味的菜色。同时，连街购物也算是一种多姿多彩的夜生活了。大部分的商店也都很晚才关门，只要你有耐心，就会发现在这儿总能买到全泰国物美价廉的货品，如丝织品、宝石、珠宝、度身定制的衣着和手工艺品等等。

芭提雅是一个适合潜水新手和专家潜水员的最佳潜水训练地点。大多数地点是在一个小时的船程之内。终年潜水李节能见度良好。距离芭提雅海不太远的是BremenWreck，那里有着五彩缤纷的珊瑚建鱼类和裸鳃亚肖动物。300英尺长的船横卧在直立25多米长Satthahiph的海军镇。

在去BangSaen入口附近的素坤逸道路上广受欢迎的农贸市场。它提供了本地的不同类型的产品，大部分是保鲜和储存的食品。最受买家欢迎的食品是不同类型的干海产品，像用竹子烘烤的KhaoLamor gluttonous rice、辣蒸鱼饼、海盯及油炸虾糕、加糖的香蕉和芋头、加糖的水果蜜饯以及来自于PhanatNikhom的藤条和竹制品。这些产品都很受本地和外地游客的欢迎。

有人说，芭提雅的海，庞大幽蓝而宁静，躺在温柔的沙滩上一切的烦恼都永沉海底。也有人说，芭提雅处处绽放着人性之花。霓虹灯像一双双迷蒙的眼睛，倔强地卖弄风情。

然而这些都不能描述芭提雅，因包容一切而美伦美奂的芭提雅，具有着梦幻般肮美的芭提雅，号称"东方夏威夷"的芭提雅，是百媚千红中的哪一种呢？

图3-10 打开文档

2. 选择菜单命令【修改】/【页面属性】打开【页面属性】对话框，在【外观（CSS）】分类中设置背景图像为"bg.jpg"，如图3-11所示。

3. 将光标置于正文第1段的开头，然后选择菜单命令【插入】/【图像】，弹出【选择图像源文件】对话框，选择图像"batiya.jpg"，如图3-12所示。

图3-11 设置背景图像

图3-12 选择图像

4. 单击 确定(O) 按钮将图像插入到文档中，然后将图像的宽度和高度分别设置为"250"和"115"，将图像替换文本设置为"芭提雅"，将图像的边距设置为"5"，将图像与周围文本的位置关系设置为"左对齐"，如图3-13所示。

图3-13 设置图像属性

5. 将光标置于正文第4段的开头，然后选择菜单命令【插入】/【媒体】/【SWF】，打开【选择SWF】对话框，在对话框中选择要插入的SWF动画文件"batiya.swf"。

6. 单击 确定⑩ 按钮将SWF动画插入到文档中，然后在【属性】面板中设置边距为"5"，选择【循环】和【自动播放】复选框，设置对齐方式为"右对齐"，如图3-14所示。

图3-14 设置SWF动画属性

7. 保存文件，弹出【复制相关文件】对话框，如图3-15所示，单击 确定⑩ 按钮确认。

图3-15 【复制相关文件】对话框

3.3 课堂实训——泸沽湖

将素材文件复制到站点根文件夹下，然后根据要求设置文档，最终效果如图3-16所示。

图3-16 泸沽湖

这是一个插入和设置图像及SWF动画的例子，可以分别插入图像和SWF动画，然后通过【属性】面板设置其相关属性，步骤提示如下。

1. 在正文第2段的开头处插入图像"luguhu.jpg"。
2. 设置其宽度为"250"，高度为"190"，替换文本为"泸沽湖"，垂直边距为"5"，水平边距为"10"，对齐方式为"左对齐"。

3. 在正文第6段的开头处插入SWF动画"luguhu.swf"。

4. 设置其垂直边距为"5",水平边距为"10",对齐方式为"左对齐",循环自动播放。

3.4 综合案例——摩纳哥

将素材文件复制到站点根文件夹下,然后根据要求设置文档,最终效果如图3-17所示。

(1) 设置网页的背景图像为"bg.jpg"。

(2) 在正文第1段的开头处插入图像"monage.jpg",并设置其宽度为"250",高度为"150",替换文本为"摩纳哥",垂直边距为"5",水平边距为"15",对齐方式为"左对齐"。

(3) 在正文第3段的结尾处插入SWF动画"monage.swf",并设置边距为"5",对齐方式为"右对齐",且循环自动播放。

图3-17 摩纳哥

这是一个插入和设置图像及SWF动画的例子,可以分别插入图像和SWF动画,然后通过【属性】面板设置其相关属性,具体操作步骤如下。

1. 打开文档"3-4.htm",然后选择菜单命令【修改】/【页面属性】打开【页面属性】对话框,在【外观(CSS)】分类中设置背景图像为"bg.jpg",重复方式设置为"重复",如图3-18所示。

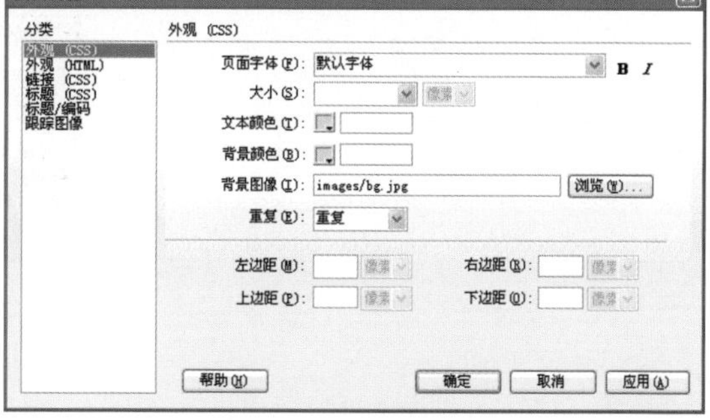

2. 将光标置于正文第1段的开头,然后选择菜单命令【插入】/【图像】插入图像"monage.jpg"。

3. 将图像的宽度和高度分别设置为"250"和"150",将图像的替换文本设置为"摩纳哥",将图像的垂直边距设置为

图3-18 设置背景图像

"5"，水平边距设置为"15"，将图像与周围文本的位置关系设置为"左对齐"，如图3-19所示。

图3-19　设置图像属性

4.　将光标置于正文第3段的开头，然后选择菜单命令【插入】/【媒体】/【SWF】插入SWF动画文件"monage.swf"。

5.　在【属性】面板中设置边距为"5"，选择【循环】和【自动播放】复选框，设置对齐方式为"右对齐"，如图3-20所示。

图3-20　设置SWF动画属性

6.　保存文件。

3.5　课后作业

一、思考题

1.　网页中常用的图像格式有哪些？

2.　图像占位符的作用是什么？

3.　就本讲所学知识，简要说明实现图文混排的方法。

二、操作题

　　将素材文档复制到站点根目录下，然后根据提示插入图像，最终效果如图3-21所示。

【步骤提示】

1.　在表格的6个单元格内依次插入图像"haiyangdao01.jpg"～"haiyangdao06.jpg"。

2.　设置图像的替换文本依次为"海洋岛01"～"海洋岛06"。

3.　设置图像的垂直边距、水平边距和边框均为"2"。

图3-21　海洋岛

第4讲
设置超级链接

超级链接使互联网形成了一个内容详实而丰富的立体结构。本讲将介绍在网页中创建和设置超级链接的基本方法。

【本讲课时】

本讲课时为3小时。

【教学目标】

● 掌握常用超级链接的种类和设置方法。

● 掌握文本超级链接状态的设置方法。

● 掌握图像和热点超级链接的区别与联系。

4.1 功能讲解

浏览网页时，单击网页内的某段文本或图像，即可打开或转到另外一个页面，这就是超级链接。超级链接由网页上的文本、图像等元素组成，这些元素赋予了可以链接到其他网页的Web地址，让网页之间形成一种互相关联的关系。下面介绍链接路径的类型和常用超级链接的设置方法。

4.1.1 链接路径的类型

每个 Web 页面都有一个唯一地址，称作统一资源定位器（URL）。不过，在创建本地链接（即到同一站点内文档的链接）时，通常不指定作为链接目标的文档的完整URL，而是指定一个始于当前文档或站点根文件夹的相对路径。通常有3种类型的链接路径。

一、绝对路径

绝对路径提供所链接文档的完整URL，包括所使用的协议。对于 Web 页面，通常为"http://"，例如，"http://travel.163.com/special/00064IIO/qixi.html"。

链接到其他服务器上的文档必须使用绝对路径。对本地链接也可以使用绝对路径链接，但不建议采用这种方式，因为一旦将此站点移动到其他位置，则所有本地绝对路径链接都将断开。而对本地链接使用相对路径，能够在站点内移动文件时提高灵活性。

二、文档相对路径

对于大多数站点的本地链接来说，使用文档相对路径是最合适的。文档相对路径的基本思想是省略掉对于当前文档和所链接的文档都相同的绝对路径部分，而只提供不同的路径部分，例如，"dreamweaver/contents.html"。

三、站点根目录相对路径

站点根目录相对路径描述从站点的根文件夹到文档的路径，例如，"/support/dreamweaver/contents.html"。如果在处理使用多个服务器的大型 Web 站点或者在使用承载多个站点的服务器时，则可能需要使用这些路径。不过，建议读者最好坚持使用文档相对路径。

在Dreamweaver CS5中，单击【属性】面板【链接】列表框后面的按钮可以打开【选择文件】对话框，通过【相对于】下拉列表可设置链接的路径类型，如图4-1所示。

图4-1 【选择文件】对话框

4.1.2 文本和图像超级链接

文本和图像超级链接是网页中最常用的两种超级链接。

一、文本超级链接

创建文本超级链接以及设置其状态的方法如下。

(1) 通过【属性】面板创建超级链接

首先选中文本，然后在【属性】面板的【链接】文本框中输入链接目标地址，如果是同一站点内的文件，也可以单击文本框后的按钮，在弹出的【选择文件】对话框中选择目标文件，也可以将【链接】文本框右侧的图标拖曳到【文件】面板中的目标文件上，最后在【属性】面板的【目标】下拉列表中选择窗口打开方式，还可以根据需要在【标题】文本框中输入提示性内容，如图4-2所示。

图4-2 【属性】面板

【目标】下拉列表中主要有以下选项。

- 【_blank】：将链接的文档载入一个新的浏览器窗口。
- 【_parent】：将链接的文档载入该链接所在框架的父框架或父窗口。如果包含链接的框架不是嵌套框架，则所链接的文档载入整个浏览器窗口。
- 【_self】：将链接的文档载入链接所在的同一框架或窗口。此目标是默认的，因此通常不需要特别指定。
- 【_top】：将链接的文档载入整个浏览器窗口，从而删除所有框架。

(2) 通过【超级链接】对话框创建超级链接

将光标置于要插入超级链接的位置，然后选择菜单命令【插入】/【超级链接】，或者在【插入】/【常用】面板中单击 按钮，弹出【超级链接】对话框。在【文本】文本框中输入链接文本，在【链接】下拉列表中设置目标地址，在【目标】下拉列表中选择目标窗口打开方式，在【标题】文本框中输入提示性文本，如图4-3所示。可以在【访问键】文本框中设置链接的快捷键，也就是按下<Alt>＋26个字母键其中的1个，将焦点切换至文本链接，还可以在【Tab键索引】文本框中设置<Tab>键切换顺序。

(3) 设置文本超级链接的状态

通过【页面属性】对话框的【链接（CSS）】分类，可以设置文本超级链接的状态，包括字体、大小、颜色及下划线等，如图4-4所示。

图4-3 【超级链接】对话框

图4-4 【链接（CSS）】分类

【链接】分类中的相关选项说明如下。

- 【链接字体】：设置链接文本的字体，另外，还可以对链接的字体进行加粗和斜体的设置。
- 【大小】：设置链接文本的大小。
- 【链接颜色】：设置链接没有被单击时的静态文本颜色。
- 【已访问链接】：设置已被单击过的链接文本颜色。
- 【变换图像链接】：设置将鼠标指针移到链接上时文本的颜色。
- 【活动链接】：设置对链接文本进行单击时的颜色。
- 【下划线样式】：共有4种下划线样式，如果不希望链接中有下划线，可以选择【始终无下划线】选项。

二、图像超级链接

用图像作为链接载体,这就是通常意义上的图像超级链接。最简单的设置方法仍然是通过【属性】面板的【链接】文本框进行设置。实际上,了解了创建文本超级链接的方法,也就等于掌握了创建图像超级链接的方法,只是链接载体由文本变成了图像。

4.1.3 热点和鼠标经过图像

热点和鼠标经过图像也是与图像有关的一种比较特殊的超级链接形式。

一、图像热点

图像热点(或称图像地图、图像热区)实际上就是为一幅图像绘制一个或几个独立区域,并为这些区域添加超级链接。创建图像热点超级链接必须使用图像热点工具,它位于图像【属性】面板的左下方,包括□(矩形热点工具)、○(椭圆形热点工具)和♥(多边形热点工具)3种形式。

创建图像热点超级链接的方法是,选中图像,然后单击【属性】面板左下方的热点工具按钮,如□(矩形热点工具)按钮,并将鼠标指针移到图像上,按住鼠标左键并拖曳,绘制一个区域,接着在【属性】面板中设置链接地址、目标窗口和替换文本,如图4-5所示。

图4-5 图像热点超级链接

要编辑图像热点,可以单击【属性】面板中的 ▶ (指针热点工具)按钮。该工具可以对已经创建好的图像热点进行移动和调整大小等操作。

二、鼠标经过图像

鼠标经过图像是指在网页中,当鼠标指针经过图像或者单击图像时,图像的形状、颜色等属性会随之发生变化,如发光、变形或者出现阴影,使网页变得生动活泼。鼠标经过图像是基于图像的比较特殊的链接形式,属于图像对象的范畴。

创建鼠标经过图像的方法是,选择菜单命令【插入】/【图像对象】/【鼠标经过图像】,或在【插入】/【常用】面板的图像按钮组中单击🖻按钮,弹出【插入鼠标经过图像】对话框并进行参数设置即可,如图4-6所示。

鼠标经过图像通常有以下两种状态。

- 原始状态:在网页中的正常显示状态。
- 变换图像状态:当鼠标经过或者单击图像时显示的图像。

在设置鼠标经过图像时,为了保证最好的显示效果,建议两幅图像的尺寸保持一致。

图4-6 【插入鼠标经过图像】对话框

4.1.4 空链接和下载超级链接

空链接和下载超级链接也是非常有用的超级链接形式。

一、空链接

空链接是一个未指派目标的链接。建立空链接的目的通常是激活页面上的对象或文本，使其可以应用某种行为或可以被程序调用。设置空链接的方法很简单，选中文本或图像等链接载体后，在【属性】面板的【链接】文本框中输入"#"即可。

二、下载超级链接

在实际应用中，链接目标也可以是其他类型的文件，如压缩文件、Word文件或Pdf文件等。如果要在网站中提供资料下载，就需要为文件提供下载超级链接。下载超级链接并不是一种特殊的链接，只是下载超级链接所指向的文件是特殊的。

4.1.5 电子邮件超级链接

电子邮件超级链接与一般的文本和图像链接不同，因为电子邮件链接要将浏览者的本地电子邮件管理软件（如Outlook Express、Foxmail等）打开，而不是向服务器发出请求。创建电子邮件超级链接的方法是，选择菜单命令【插入】/【电子邮件链接】，或在【插入】/【常用】面板中单击 按钮，弹出【电子邮件链接】对话框，在【文本】文本框中输入在文档中显示的链接文本信息，在【电子邮件】文本框中输入电子邮箱的完整地址即可，如图4-7所示。如果已经预先选中了文本，在【电子邮件链接】对话框的【文本】文本框中会自动出现该文本，这时只需在【电子邮件】文本框中填写电子邮件地址即可。

图4-7 电子邮件超级链接

如果要修改已经设置的电子邮件链接的E-mail，可以通过【属性】面板进行重新设置。同时，通过【属性】面板也可以看出，"mailto:"、"@"和"."这3个元素在电子邮件链接中是必不可少的。有了它们，才能构成一个正确的电子邮件链接。在创建电子邮件超级链接时，为了更快捷，可以先选中需要添加链接的文本或图像，然后在【属性】面板的【链接】文本框中直接输入电子邮件地址，并在其前面加一个前缀"mailto:"，最后按<Enter>键确认即可，如图4-8所示。

图4-8 【属性】面板

4.1.6 锚记超级链接

一般超级链接只能从一个网页文档跳转到另一个网页文档，使用锚记超级链接不仅可以跳转到当前网页中的指定位置，还可以跳转到其他网页中指定的位置，包括同一站点内的和不同站点内的。创建锚记超级链接需要经过两步：首先需要在文档中命名锚记，然后在【属性】面板中设置指向这些锚记的超级链接来链接到文档的特定部分。

（1）命名锚记

将光标置于要插入锚记的位置，然后选择菜单命令【插入】/【命名锚记】，或者在【插

入】/【常用】面板中单击 ⚓ 按钮，弹出【命名锚记】对话框进行设置即可，如图4-9所示。

如果发现锚记名称输入错了，选中插入的锚记标志，然后在【属性】面板的【名称】文本框中修改即可，如图4-10所示。

图4-9 【命名锚记】对话框

图4-10 【属性】面板

(2) 创建锚记超级链接

先选中文本，然后在【属性】面板的【链接】下拉列表中输入锚记名称，如"#a"，或者直接将【链接】下拉列表后面的 ⊕ 图标拖曳到锚记名称上。也可选择菜单命令【插入】/【超级链接】，弹出【超级链接】对话框，在【文本】文本框中输入文本，在【链接】下拉列表中选择锚记名称，如图4-11所示。

关于锚记超级链接目标地址的写法应该注意以下几点。

- 如果链接的目标锚记位于同一文档中，只需在【链接】文本框中输入一个"#"符号，然后输入链接的锚记名称，如"#a"。

图4-11 【超级链接】对话框

- 如果链接的目标锚记位于同一站点的其他网页中，则需要先输入该网页的路径和名称，然后再输入"#"符号和锚记名称，如"index.htm#a"、"bbs/index.htm#a"。

- 如果链接的目标锚记位于Internet上某一站点的网页中，则需要先输入该网页的完整地址，然后再输入"#"符号和锚记名称，如"http://www.yx.com/yx.htm#b"。

4.2 范例解析——中国十大名胜古迹

将素材文件复制到站点根文件夹下，然后根据要求设置超级链接，最终效果如图4-12所示。

(1) 设置文本"百度"的链接地址为"http://www.baidu.com"，打开目标窗口的方式为在新窗口中打开，提示文本为"到百度检索"。

(2) 设置网页中第1幅图像"01.jpg"的链接目标文件为"changcheng.htm"，打开目标窗口的方式为在新窗口中打开，替换文本为"长城"，边框为"0"。

(3) 给文本"联系我们"添加电子邮件超级链接，链接地址为"us@163.com"。

(4) 在正文中每个小标题的后面依次添加锚记"a"、"b"、"c"、"d"、"e"、"f"、"g"、"h"、"i"和"j"，然后给文档标题"中国十大名胜古迹"下面的导航文本依次添加锚记超级链接，分别链接到正文中相同内容部分。

(5) 设置链接颜色和已访问链接颜色均为"#036"，变换图像链接颜色为"#F00"，且仅在变换图像时显示下划线。

图4-12 中国十大名胜古迹

这是一个设置超级链接的例子，可以通过【属性】面板、菜单命令以及【页面属性】对话框进行设置，具体操作步骤如下。

1. 打开文档"4-2.htm"，然后选中文本"百度"，在【属性】面板的【链接】文本框中输入链接地址"http://www.baidu.com"，在【目标】下拉列表中选择"_blank"，在【标题】文本框中输入"到百度检索"，如图4-13所示。

图4-13 设置文本超级链接

2. 选中第1幅图像"01.jpg"，然后在【属性】面板的【链接】文本框中定义链接目标文件"changcheng.htm"，目标窗口打开方式为"_blank"，替换文本为"长城"，边框为"0"，如图4-14所示。

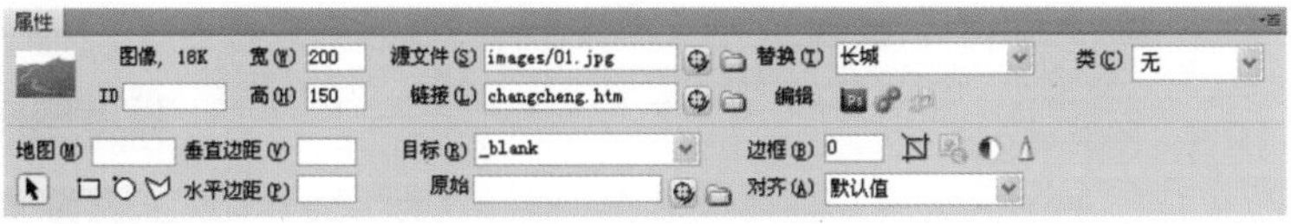

图4-14 设置图像超级链接

3. 用鼠标选中最后一行文本中的"联系我们"，然后选择菜单命令【插入】/【电子邮件链接】，弹出【电子邮件链接】对话框，在【电子邮件】文本框中输入电子邮件地址"us@163.com"，单击 确定 按钮，如图4-15所示。

4. 将光标置于正文中小标题"一 万里长城"处，然后选择菜单命令【插入】/【命名锚记】，弹出【命名锚记】对话框，在【锚记名称】文本框中输入名称，单击 确定 按钮插入锚记，如图4-16所示。

图4-15 创建电子邮件链接   图4-16 插入锚记

5. 利用相同的方法，依次在正文中其他小标题处分别插入锚记名称"b"、"c"、"d"、"e"、"f"、"g"、"h"、"i"和"j"。

6. 选中文档标题"中国十大名胜古迹"下面的导航文本"一 万里长城"，然后在【属性】面板的【链接】下拉列表中输入锚记名称"#a"，如图4-17所示。

7. 利用相同的方法依次给其他导航文本建立锚记超级链接，分别指到相应锚记处。

8. 选择菜单命令【修改】/【页面属性】，打开【页面属性】对话框，切换到【链接（CSS）】分类，设置链接颜色和已访问链接颜色均为"#036"，变换图像链接颜色为"#F00"，在【下划线样式】下拉列表中选择【仅在变换图像时显示下划线】选项，如图4-18所示。

图4-17 创建锚记超级链接

9. 最后保存文件。

图4-18 设置超级链接状态

4.3 课堂实训——世界八大奇迹

将素材文件复制到站点根文件夹下，然后根据要求设置超级链接，效果如图4-19所示。

图4-19 世界八大奇迹

这是一个设置超级链接的例子，可以通过【属性】面板、菜单命令以及【页面属性】对话框进行设置，步骤提示如下。

1. 设置文本"详细..."的链接目标为"huayuan.htm"，目标窗口打开方式均为"_blank"。

2. 将文本"搜索"删除，然后插入鼠标经过图像，图像名称为"baidu"，原始图像和鼠标经过图像分别为"baidu01.gif"、"baidu02.gif"，替换文本为"百度"，链接地址为"http://www.baidu.com"。

3. 在文本"您的建议和意见："后面插入电子邮件超级链接，链接文本和地址均为"youandme@tom.com"。

4. 设置超级链接状态。链接颜色和已访问链接颜色均为"#090"，变换图像链接颜色为"#F00"，且仅在变换图像时显示下划线。

4.4 综合案例——风景这边独好

将素材文件复制到站点根文件夹下，然后根据要求设置网页中的超级链接，最终效果如图4-20所示。

图4-20 风景这边独好

(1) 在图像"huangguoshu.jpg"上创建4个圆形热点超级链接，分别指向文件"dapubu.htm"、"tianxingqiao.htm"、"doupotang.htm"、"shitouzhai.htm"，打开目标窗口的方式均为在新窗口中打开。

(2) 给"黄果树瀑布群"等导航文本添加超级链接，仍然分别指向文件"dapubu.htm"、"tianxingqiao.htm"、"doupotang.htm"、"shitouzhai.htm"，打开目标窗口的方式均为在新窗口中打开。

(3) 给图像"hgshu.jpg"添加超级链接，目标文件为"hgshu.htm"，打开目标窗口的方式为在新窗口中打开。

(4) 在文本"联系我们："后添加电子邮件超级链接，链接文本和地址均为"wjx@tom.com"。

(5) 设置链接颜色和已访问链接颜色均为"#000"，变换图像链接颜色为"#F00"，且仅在变换图像时显示下划线。

这是一个设置超级链接的例子，可以通过【属性】面板、菜单命令以及【页面属性】对话框进行设置，具体操作步骤如下。

1. 打开网页文档"4-4.htm"，然后用鼠标选中图像"huangguoshu.jpg"。

2. 单击【属性】面板左下方的热点工具 ○ 按钮，并将鼠标指针移到图像上，按住鼠标左键拖曳绘制一个区圆形区域，如图4-21所示。

图4-21 创建圆形区域

3. 接着在【属性】面板中设置链接地址、目标窗口和替换文本，如图4-22所示。

图4-22 设置热点超级链接

4. 利用同样的方法依次创建其他3个热点超级链接，分别指向文件 "tianxingqiao.htm"、"doupotang.htm"、"shitouzhai.htm"。

5. 选中文本 "黄果树瀑布群"，在【属性】面板的【链接】下拉列表中定义链接地址 "da-pubu.htm"，在【目标】下拉列表中选择 "_blank"，如图4-23所示。

图4-23 设置文本超级链接

6. 利用同样的方法给其他导航文本创建超级链接，分别指向文件 "tianxingqiao.htm"、"doupotang.htm"、"shitouzhai.htm"。

7. 选中图像 "hgshu.jpg"，在【属性】面板的【链接】下拉列表中定义链接地址 "hgshu.jpg.htm"，在【目标】下拉列表中选择 "_blank"，如图4-24所示。

图4-24 设置图像超级链接

8. 将光标置于文本 "联系我们："的后面，然后选择菜单命令【插入】/【电子邮件】，打开【电子邮件链接】对话框，在【文本】和【电子邮件】文本框中均输入电子邮箱地址 "wjx@tom.com"，如图4-25所示。

9. 选择菜单命令【修改】/【页面属性】，打开【页面属性】对话框，在【链接】分类的【链接颜色】和【已访问链接】右侧的文本框中输入颜色代码 "#000"，在【变换图像链接】右侧的文本框中输入颜色代码 "#F00"，在【下

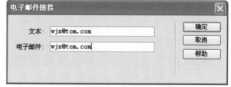

图4-25 创建电子邮件超级链接

划线样式】下拉列表框中选择 "仅在变换图像时显示下划线"选项，如图4-26所示。

10. 保存文件。

4.5 课后作业

一、思考题

1. 超级链接的路径通常有哪3种类型？

2. 就本讲所学知识简要说明文本和图像超级链接有什么不同。

图4-26 设置文本链接状态

二、操作题

将素材文档复制到站点根文件夹下，并根据提示设置超级链接，最终效果如图4-27所示。

图4-27 日月潭

【步骤提示】

1. 设置文本"更多内容"的链接地址为"http://www.baidu.com"，打开目标窗口的方式均为在新窗口中打开。

2. 给文本"联系我们"添加电子邮件超级链接，链接地址为"us@tom.com"。

3. 设置网页中所有图像的链接目标文件均为"picture.htm"，打开目标窗口的方式均为在新窗口中打开。

4. 在正文中的"地理"、"风景"和"传说"处依次添加命名锚记"a"、"b"和"c"，然后给文档顶端的文本"地理"、"风景"和"传说"依次添加锚记超级链接。

第5讲
使用表格

表格不仅可以有序地排列数据，还可以精确地定位网页元素。本讲将介绍表格的基本知识。

【本讲课时】

本讲课时为3小时。

【教学目标】

● 掌握插入表格的方法。

● 掌握设置表格属性的方法。

● 掌握编辑表格的方法。

● 掌握使用表格布局网页的方法。

5.1 功能讲解

下面介绍创建、编辑和设置表格的基本方法。

5.1.1 表格结构

表格是由行和列组成的，行和列又是由单元格组成的，因此单元格是组成表格的最基本单位。图5-1所示是一个4行4列的表格。要真正理解表格的概念，必须掌握下面几个关于表格的常用术语。

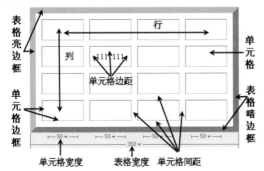

图5-1 表格结构

- 行：水平方向的一组单元格。
- 列：垂直方向的一组单元格。
- 单元格：表格中一行与一列相交的、单元格边框及以内的区域。
- 单元格间距：单元格之间的间隔。
- 单元格边距（也称填充）：单元格内容与单元格边框之间的间隔。
- 表格边框：由两部分组成，一部分是亮边框，另一部分是暗边框，可以设置边框的粗细、颜色等属性。
- 单元格边框：包括亮边框和暗边框两部分，粗细不可设置（默认1像素），颜色可以设置。

表格的作用主要体现在以下3个方面。

- 组织数据：这是表格最基本的作用，如成绩单、工资表和销售表等。
- 网页布局：这是表格组织数据作用的延伸，由简单地组织一些数据发展成组织网页元素，进行版面布局。

- 制作特殊效果：如制作细线边框、按钮等。

5.1.2 创建表格

首先介绍插入单个表格和创建嵌套表格的方法。

一、插入单个表格

在网页文档中，将光标置于要插入表格的位置，然后采用以下方式打开【表格】对话框进行参数设置即可，如图5-2所示。

图5-2 【表格】对话框

- 选择菜单命令【插入】/【表格】。
- 在【插入】/【常用】面板中单击 按钮。
- 在【插入】/【布局】面板中单击 按钮。

【表格】对话框分为3个部分：【表格大小】栏、【标题】栏和【辅助功能】栏。在【表格大小】栏可以设置表格基本参数，其中表格宽度，单位有"像素"和"百分比"两种。以"像素"为单位设置表格宽度，表格的绝对宽度将保持不变。以"百分比"为单位设置表格宽度，表格的宽度将随浏览器的大小变化而变化。边框粗细、单元格边距和单元格间距均以"像素"为单位。在【标题】栏中可以对表格的标题进行设置，因为在组织数据表格时，通常有一行或一列是标题文字，然后才是相应的数据，在现实生活中是很常见的。在【辅助功能】栏中可以设

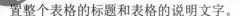
置整个表格的标题和表格的说明文字。

二、创建嵌套表格

嵌套表格是指在表格的单元格内再插入表格，其宽度受所在单元格的宽度限制。在进行网页布局时，常使用嵌套表格来排版页面元素，此时表格的边框粗细通常设置为"0"。

另外，如果要在一个表格的后面继续插入表格，首先需要将光标置于该表格的后面，或者先选中该表格，然后再利用插入表格的命令插入表格即可。

5.1.3 表格属性

插入表格后会自动显示表格【属性】面板，如图5-3所示。

图5-3 表格【属性】面板

下面对表格【属性】面板中与【表格】对话框不同的参数作简要说明。

- 【表格】：设置表格ID名称，在创建表格高级CSS样式时会用到。
- 【对齐】：设置表格的对齐方式，如"左对齐"、"右对齐"和"居中对齐"。
- 【类】：设置表格的CSS样式表的类样式，在介绍CSS样式时会详细介绍。
- ⒤和⒤按钮：清除表格的行高和列宽。
- ⒤和⒤按钮：根据当前值将表格宽度转换成像素或百分比。

5.1.4 单元格属性

设置表格的行、列或单元格属性要先选择行、列或单元格，然后在【属性】面板中进行设置。行、列、单元格的【属性】面板都是一样的，唯一不同的是左下角的名称。图5-4所示是单元格的【属性】面板，上半部分是设置单元格内文本的属性，下半部分是设置单元格的属性。

图5-4 单元格【属性】面板

下面对单元格【属性】面板中的相关参数说明如下。

- 【水平】：设置单元格的内容在单元格内水平方向上的对齐方式，其下拉列表中有【默认】、【左对齐】、【居中对齐】和【右对齐】4种排列方式。
- 【垂直】：设置单元格的内容在单元格内垂直方向上的对齐方式，其下拉列表中有【默认】、【顶端】、【居中】、【底部】和【基线】5种排列方式。
- 【宽】和【高】：设置被选择单元格的宽度和高度。
- 【不换行】：设置单元格文本是否换行。
- 【标题】：设置所选单元格为标题单元格，默认情况下，标题单元格的内容以粗体且居中对齐显示。用HTML代码表示为\<th>标记，而不是\<td>标记。
- 【背景颜色】：设置单元格的背景颜色。

5.1.5 编辑表格

直接插入的表格通常是规则的表格，有时会不符合实际需要，这时就需要对表格进行编辑。由于篇幅限制，下面只介绍编辑表格最常用的方法。

一、选择表格

要对表格进行编辑，首先必须选定表格。因为表格包括行、列和单元格，所以选择表格的操作通常包括选择整个表格、选择行或列、选择单元格3个方面。

(1) 选择整个表格

选择整个表格最常用的方法有以下3种。

- 将光标置于表格内，选择菜单命令【修改】/【表格】/【选择表格】。
- 将光标置于表格内，在右键快捷菜单中选择【表格】/【选择表格】命令。
- 将光标移到预选择的表格内，单击文档窗口左下角相应的 "<table>" 标签，如图5-5所示。

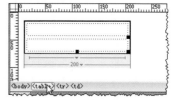

图5-5 通过<table>标签选择表格

(2) 选择行或列

选择表格的行或列最常用的方法有以下几种。

- 当鼠标指针位于欲选择的行首或列顶时，变成黑色箭头形状，这时单击鼠标左键，便可选择行或列，如图5-6所示。如果按住鼠标左键并拖曳，可以选择连续的行或列，也可以按住<Ctrl>键依次单击欲选择的行或列，这样可以选择不连续的多行或多列。

图5-6 通过单击选择行或列

- 按住鼠标左键从左至右或从上至下拖曳，将选择相应的行或列，如图5-7所示。

图5-7 通过拖曳选择行或列

- 将光标移到欲选择的行中，单击文档窗口左下角的 "<tr>" 标签选择该行，如图5-8所示。

(3) 选择单元格

选择单个单元格的方法有以下两种。

- 将光标置于单元格内，然后按住<Ctrl>键，单击单元格可以将其选择。
- 将光标置于单元格内，然后单击文档窗口左下角的<td>标签将其选择。

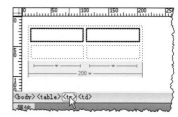

图5-8 通过<tr>标签选择行

选择相邻单元格的方法有以下两种。

- 在开始的单元格中按住鼠标左键并拖曳到最后的单元格。
- 将光标置于开始的单元格内，然后按住<Shift>键不放单击最后的单元格。

选择不相邻单元格的方法有以下两种。

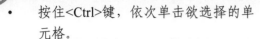

- 按住<Ctrl>键，依次单击欲选择的单元格。
- 按住<Ctrl>键，在已选择的连续单元格中依次单击欲去除的单元格。

二、增加行或列

首先将光标移到欲插入行或列的单元格内，然后采取以下最常用的方法进行操作。

- 选择菜单命令【修改】/【表格】/【插入行】，则在光标所在单元格的上面增加1行。同样，选择菜单命令【修改】/【表格】/【插入列】，则在光标所在单元格的左侧增加1列。也可使用右键快捷菜单命令【表格】/【插入行】或【表格】/【插入列】进行操作。
- 选择菜单命令【修改】/【表格】/【插入行或列】，在弹出的【插入行或列】对话框中进行设置，如图5-9所示，加以确认后即可完成插入操作。也可在右键快捷菜单命令中选择【表格】/【插入行或列】，弹出该对话框。

图5-9 【插入行或列】对话框

在图5-9所示的对话框中，【插入】选项组包括【行】和【列】两个单选按钮，其默认选择的是【行】单选按钮，因此下面的选项就是【行数】，在【行数】选项的文本框内可以定义预插入的行数，在【位置】选项组中可以定义插入行的位置是【所选之上】还是【所选之下】。在【插入】选项组中如果选择的是【列】单选按钮，那么下面的选项就变成了【列数】，【位置】选项组后面

的两个单选按钮就变成了【当前列之前】和【当前列之后】。

三、删除行或列

如果要删除行或列，首先需要将光标置于要删除的行或列中，或者将要删除的行或列选中，然后选择菜单命令【修改】/【表格】中的【删除行】或【删除列】进行删除。也可使用右键快捷菜单命令进行操作。实际上，最简捷的方法就是先选定要删除的行或列，然后按<Delete>键。

四、合并单元格

合并单元格是指将多个单元格合并成为一个单元格。首先选择欲合并的单元格，然后可采取以下方法进行操作。

- 选择菜单命令【修改】/【表格】/【合并单元格】。
- 单击鼠标右键，在弹出的快捷菜单中选择【表格】/【合并单元格】命令。
- 单击【属性】面板左下角的□按钮。

合并单元格后的效果如图5-10所示。

1	2	3
4	5	6
7	8	9
10	11	12

123		
4710	5	6
	89	
	11	12

图5-10 合并单元格

五、拆分单元格

拆分单元格是针对单个单元格而言的，可看成是合并单元格的逆操作。首先需要将光标定位到要拆分的单元格中，然后采取以下方法进行操作。

- 选择菜单命令【修改】/【表格】/【拆分单元格】。
- 单击鼠标右键，在弹出的快捷菜单中选择【表格】/【拆分单元格】命令。

- 单击【属性】面板左下角的 ┇┇ 按钮，弹出【拆分单元格】对话框。

拆分单元格的效果如图5-11所示。

图5-11 拆分单元格

在【拆分单元格】对话框中，【把单元格拆分】选项组包括【行】和【列】两个单选按钮，这表明可以将单元格纵向拆分或者横向拆分。在【行数】或【列数】文本框中可以定义要拆分的行数或列数。

5.1.6 数据表格

Dreamweaver能够与外部软件交换数据，以方便用户快速导入或导出数据，同时还可以对数据表格进行排序。

一、导入表格数据

选择菜单命令【文件】/【导入】/【表格式数据】或【Excel文档】，可以将表格式数据或Excel表格导入到网页文档中。导入Excel文档与导入Word文档打开的对话框是相似的，而导入表格式数据打开的对话框如图5-12所示。

图5-12 【导入表格式数据】对话框

下面对对话框中的相关参数进行简要说明。

- 【数据文件】：设置要导入表格式数据的文件。
- 【定界符】：设置要导入文件中所使用的分隔符，包括"Tab"、"逗点"、"分号"、"引号"和"其他"，如果选择"其他"，则需要在右侧的文本框中输入文件中所使用的分隔符。
- 【表格宽度】：设置表格的宽度，可以与实际内容相匹配，也可以重新设置。
- 【单元格边距】：设置表格的单元格边距。
- 【单元格间距】：设置表格的单元格间距。
- 【格式化首行】：设置表格首行文本的格式，如"粗体"、"斜体"和"粗体斜体"等。
- 【边框】：设置表格边框的宽度，单位为"像素"。

二、导出表格数据

在Dreamweaver中的表格数据也可以进行导出。方法是，将光标置于表格中，然后选择菜单命令【文件】/【导出】/【表格】，打开【导出表格】对话框，如图5-13所示，在【定界符】下拉列表中选择要在导出的结果文件中使用的分隔符类型（包括"Tab"、"空白键"、"逗点"、"分号"和"引号"），在【换行符】下拉列表中选择打开文件的操作系统（包括"Windows"、"Mac"和"UNIX"），最后单击 导出 按钮，打开【表格导出为】对话框，设置文件的保存位置和名称即可。

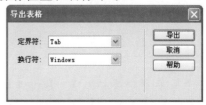

图5-13 【导出表格】对话框

三、排序表格数据

利用Dreamweaver的【排序表格】命令可以对表格指定列的内容进行排序。方法是，先选中整个表格，然后选择菜单命令【命令】/【排序表格】，打开【排序表格】对话框进行参数设置即可，如图5-14所示。

图5-14 【排序表格】对话框

5.2 范例解析

下面通过具体范例来学习创建和设置表格的基本方法。

5.2.1 成绩单

使用表格制作一个成绩单，然后按总分由高到低进行排序，效果如图5-15所示。

成绩单

姓名	笔试	面试	总分
王楠楠	98	92	190
邵苗苗	90	95	185
宋佳丽	93	87	180
王晓红	85	90	175
刘佳佳	95	75	170

图5-15 成绩单

这是一个设置数据表格的例子，可以先插入表格并输入数据，然后通过【属性】面板设置属性使其更美观，最后使用【排序表格】命令对表格进行排序，具体操作步骤如下。

1. 创建一个新文档并保存为"5-2-1.htm"。
2. 选择菜单命令【插入】/【表格】打开【表格】对话框，参数设置如图5-16所示。

示。

图5-16 【表格】对话框

3. 单击 确定 按钮插入一个6行4列的表格，如图5-17所示。

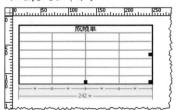

图5-17 插入表格

4. 在表格中输入数据，如图5-18所示。

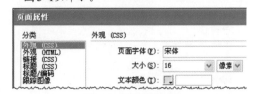

图5-18 输入数据

5. 在【属性】面板中单击 页面属性... 按钮，打开【页面属性】对话框，在【外观（CSS）】分类中将页面字体设置为"宋体"，大小设置为"16像素"，如图5-19所示。

页面属性

分类	外观 (CSS)	
外观（CSS） 外观（HTML） 链接（CSS） 标题（CSS） 标题/编码 跟踪图像	页面字体(F)：宋体 大小(S)：16 像素 文本颜色(T)：	

图5-19 设置页面字体

6. 选中表格，取消表格的宽度设置，并将表格的填充设置为"5"，间距设置为"1"，如图5-20所示。

图5-20 修改表格属性

7. 选中表格所有单元格,将单元格宽度设置为"60",如图5-21所示。

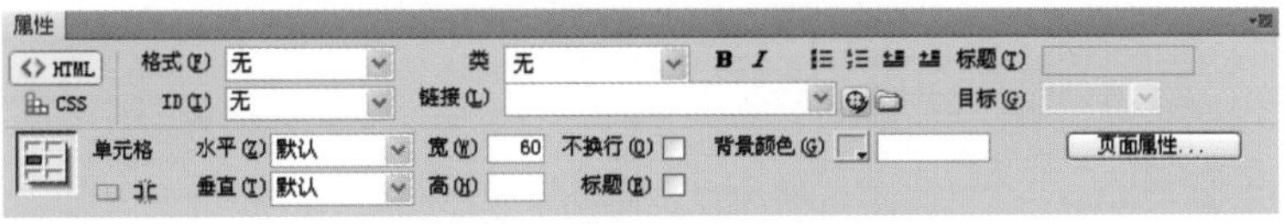

图5-21 设置单元格宽度

8. 选中整个表格,然后选择菜单命令【命令】/【排序表格】,打开【排序表格】对话框,参数设置如图5-22所示。

9. 单击 确定 按钮,结果如图5-23所示。

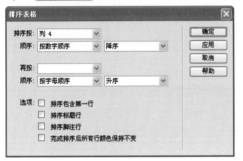

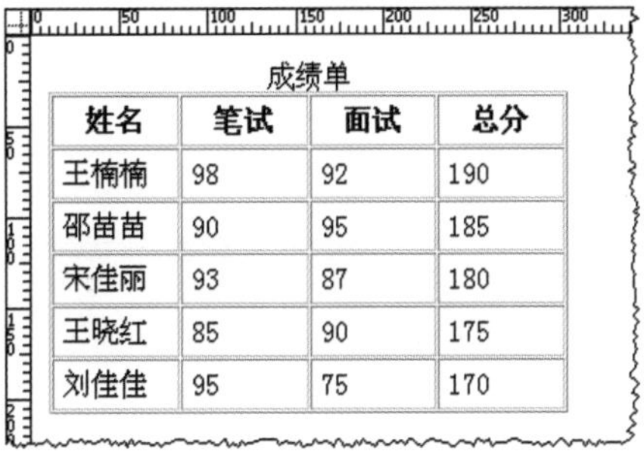

成绩单			
姓名	笔试	面试	总分
王楠楠	98	92	190
邵苗苗	90	95	185
宋佳丽	93	87	180
王晓红	85	90	175
刘佳佳	95	75	170

图5-22 【排序表格】对话框 图5-23 排序表格

10. 保存文档。

5.2.2 图片展

将素材文件复制到站点根文件夹下,然后使用表格布局图片,最终效果如图5-24所示。

图5-24 图片展

这是使用表格进行页面布局的一个例子,可以先插入表格,然后通过【属性】面板对表格和单元格进行属性设置,最后在单元格中输入内容即可,具体操作步骤如下。

1. 打开文档"5-2-2.htm",然后选择菜单命令【插入】/【表格】,打开【表格】对话框并进行参数设置,如图5-25所示。

图5-25 【表格】对话框

2. 单击 确定 按钮插入表格，如图5-26所示。

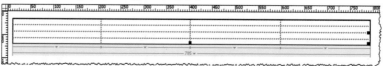

图5-26 插入表格

3. 在表格【属性】面板中，将表格的对齐方式设置为"居中对齐"，如图5-27所示。

图5-27 设置对齐方式

4. 选中第1行的所有单元格，然后在【属性】面板中单击口按钮进行单元格合并，利用同样的方法将第3行的所有单元格也进行合并。

5. 分别选中第2行和第4行的所有单元格，然后进行属性设置，如图5-28所示。

图5-28 设置单元格属性

6. 在第1行单元格中插入图像"line01.jpg"，然后在第2行单元格中依次插入图像"yz01.jpg"、"yz02.jpg"、"yz03.jpg"和"yz04.jpg"。

7. 在第3行单元格中插入图像"line02.jpg"，然后在第2行单元格中依次插入图像"gz01.jpg"、"gz02.jpg"、"gz03.jpg"和"gz04.jpg"，如图5-29所示。

图5-29 插入图像

8. 用鼠标选中第3行单元格，然后选择菜单命令【修改】/【表格】/【插入行】，在"魅力广州"所在行的上面增加1行。

9. 将光标置于新增加的行中，选择菜单命令【修改】/【表格】/【拆分单元格】，将新增加的行拆分为4个单元格，如图5-30所示。

图5-30 拆分单元格

10. 选中新增加行所有单元格并进行属性设置，如图5-31所示。

图5-31 设置单元格属性

11. 在单元格输入图片说明文字，如图5-32所示。

图5-32 输入图片说明文字

12. 将光标置于最后一行单元格中，然后选择菜单命令【修改】/【表格】/【插入行或列】，弹出【插入行或列】对话框中，参数设置如图5-33所示。

图5-33 【插入行或列】对话框

13. 选中新增加的行，在【属性】面板中修改单元格高度为"25"，并输入图片说明文字，如图5-34所示。

图5-34 输入说明文字

14. 保存文件。

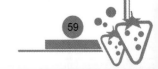

5.3 课堂实训

下面通过课堂实训来进一步巩固创建和设置表格的基本知识。

5.3.1 列车时刻表

使用表格制作一个列车时刻表，最终效果如图5-35所示。

这是使用表格组织数据的一个例子，步骤提示如下。

1. 创建文档并保存为"5-3-1.htm"，然后将页面字体设置为"宋体"、大小设置为"16px"。
2. 插入一个8行5列的表格，表格标题为"列车时刻表"，第1行为标题行，填充和间距均为"2"，边框为"1"。
3. 将第1行单元格的宽度设置为"20%"，背景颜色设置为"#CCCCCC"，将其他行所有单元格的水平对齐方式设置为"居中对齐"。
4. 输入相应文本并保存文档。

5.3.2 日历表

使用表格制作一个日历表，最终效果如图5-36所示。

列车时刻表

车次	发站	到站	开车时间	到站时间
K8252	青岛	烟台	6:00	10:12
D6064	青岛	泰山	6:10	9:28
K694	青岛	合肥	6:17	22:20
D60	青岛	北京南	7:00	12:48
D6072	青岛	济南	7:30	9:55
T162	青岛	广州东	7:50	12:45
D58	青岛	北京南	8:00	13:38

图5-35 列车时刻表

公元2010年9月						
日	一	二	三	四	五	六
			1 廿三	2 廿四	3 廿五	4 廿六
5 廿七	6 廿八	7 廿九	8 白露	9 初二	10 教师节	11 初四
12 初五	13 初六	14 初七	15 初八	16 初九	17 初十	18 十一
19 十二	20 十三	21 十四	22 中秋节	23 十六	24 二七	25 十八
26 十九	27 二十	28 廿一	29 廿二	30 廿三		

图5-36 日历表

这是使用表格组织数据的一个例子，步骤提示如下。

1. 创建文档并保存为"5-3-2.htm"，然后设置页面字体为"宋体"，大小为"14 px"。
2. 插入一个7行7列的表格，宽度为"350像素"，填充、间距和边框均为"0"，标题行格式为"无"。
3. 对第1行所有单元格进行合并，然后设置单元格水平对齐方式为"居中对齐"，垂直对齐方式为"居中"，高度为"30"，背景颜色为"#99CCCC"，并输入文本"公元2010年9月"。
4. 设置第2行所有单元格的水平对齐方式为"居中对齐"，宽度为"50"，高度为"25"，并在单元格中输入文本"日"～"六"。
5. 设置第3行至第7行所有单元格水平对齐方式为"居中对齐"，垂直对齐方式为"居中"，高度为"40"。

6. 在第3行第4个单元格中输入"1"，然后按<Shift>+<Enter>键换行，接着输入"廿三"，按照同样的方法依次在其他单元格中输入文本。

7. 保存文件。

5.4 综合案例——居家装饰

将素材文件复制到站点根文件夹下，然后使用表格布局网页，效果如图5-37所示。

图5-37 居家装饰

这是使用表格布局网页的一个例子，特别要注意嵌套表格的使用，使用表格布局网页时，边框通常设置为"0"，具体操作步骤如下。

1. 创建一个新文档并保存为"5-4.htm"，然后选择菜单命令【修改】/【页面属性】，打开【页面属性】对话框，设置页面字体为"宋体"，大小为"14px"，上边距为"0"。下面设置页眉部分。

2. 选择菜单命令【插入】/【表格】，插入一个1行1列的表格，宽度为"780像素"，边距、间距和边框均为"0"，如图5-38所示。

3. 在表格【属性】面板中设置表格的对齐方式为"居中对齐"，然后在单元格【属性】面板中设置单元格的水平对齐方式为"居中对齐"，高度为"80"。

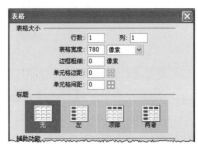

图5-38 插入表格

4. 将光标置于单元格中，然后选择菜单命令【插入】/【图像】，插入图像"logo.gif"，如图5-39所示。

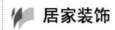

图5-39 插入图像

5. 将光标置于上一个表格的后面，然后继续插入一个2行1列的表格，属性设置如图5-40所示。

图5-40 表格属性设置

6. 将第1行单元格的水平对齐方式设置为"居中对齐"，高度设置为"45"，然后在单元格中插入导航图像"navigate.jpg"。

7. 将第2行单元格的水平对齐方式设置为"居中对齐"，高度设置为"30"，然后选择菜单命令【插入】/【HTML】/【水平线】，在单元格中插入水平线，如图5-41所示。

图5-41 插入水平线

下面设置主体部分。

8. 在页眉表格的外面继续插入一个1行2列的表格，宽度为"780像素"，边距、间距和边框均为"0"，对齐方式为"居中对齐"。

9. 设置左侧单元格的水平对齐方式为"居中对齐"，垂直对齐方式为"顶端"，宽度为"180"，然后在其中插入一个9行1列的表格，属性设置如图5-42所示。

图5-42 表格属性设置

10. 设置所有单元格的水平对齐方式均为"居中对齐"，垂直对齐方式均为"居中"，高度为"30"，背景颜色为"#CCCCCC"，然后输入文本。

11. 设置右侧单元格的水平对齐方式为"居中对齐"，垂直对齐方式为"顶端"，宽度为"600"，然后在其中插入一个3行4列的表格，属性设置如图5-43所示。

图5-43 表格属性设置

12. 将第1行单元格进行合并，设置其水平对齐方式为"居中对齐"，高度为"150"，然后选择菜单命令【插入】/【媒体】/【SWF】，在其中Flash动画"jujia.swf"。

13. 设置第2行和第3行的所有单元格的水平对齐方式为"居中对齐"，垂直对齐方式为"居中"，宽度为"25%"，高度为"120"，然后在单元格中依次插入图像"01.jpg"～"08.jpg"，如图5-44所示。

图5-44 插入图像

下面设置页脚部分。

14. 在主体部分表格的外面继续插入一个3行1列的表格,宽度为"780像素",边距、间距和边框均为"0",对齐方式为"居中对齐"。

15. 设置第1行和第3行单元格的水平对齐方式为"居中对齐",高度为"30像素",然后在第1行和第3行单元格中输入相应的文本。

16. 设置第2行单元格的水平对齐方式为"居中对齐",高度为"10像素",然后在单元格中插入图像"line.jpg",如图5-45所示。

| 首页 | 公司概况 | 经营项目 | 工程案例 | 设计团队 | 质量保证 | 服务体系 | 装修论坛 | 在线订单 |

24H 热线咨询电话:15815815816 Tel:010-88868888 居家装饰有限责任公司 版权所有 2010

图5-45 设置页脚

17. 保存文件。

5.5 课后作业

一、思考题

1. 创建表格的常用方法有哪些?
2. 合并和拆分单元格常用方法有哪些?

二、操作题

根据自己的爱好拟定一个主题,然后根据主题搜索素材并制作一个网页,要求使用表格进行页面布局。

第6讲
使用框架

框架能够将网页分割成几个独立的区域，每个区域显示不同的内容。本讲将介绍创建和设置框架的基本知识。

【本讲课时】

本讲课时为3小时。

【教学目标】

- 掌握创建、编辑和保存框架的方法。
- 掌握设置框架和框架集属性的方法。
- 掌握创建嵌入式框架的方法。

6.1 功能讲解

下面介绍创建和设置框架的基本知识。

6.1.1 创建框架页

当一个页面被划分为若干个框架时，Dreamweaver就建立起一个未命名的框架集文件，每个框架中包含一个文档。也就是说，一个包含两个框架的框架集实际上存在于3个文件，一个是框架集文件，另外两个是分别包含于各自框架内的文件。

在Dreamweaver CS5中，创建框架页常用的方法如下。

- 选择菜单命令【文件】/【新建】，打开【新建文档】对话框，切换到【示例中的页】选项卡，在【示例文件夹】列表框中选择【框架页】选项，在右侧的【示例页】列表框中选择相应的选项，如图6-1所示。

图6-1 【新建文档】对话框

- 在当前网页中，单击【插入】/【布局】面板框架按钮组中的相应按钮，如图6-2所示。
- 在当前网页中，选择菜单命令【插入】/【HTML】/【框架】，其子菜单命令如图6-3所示。

图6-2 框架按钮组

图6-3 菜单命令

6.1.2 保存框架页

在保存框架页的时候，不能只简单地保存一个文件。根据实际情况，可以选择以下几种方式进行保存。

- 选择菜单命令【文件】/【保存全部】依次保存框页内的所有文件，包括框架集文件和框架文件。
- 在某个框架内单击鼠标左键，然后选择菜单命令【文件】/【保存框架】，对单个框架文件进行保存。
- 选择菜单命令【文件】/【框架另存为】可以将框架换名保存。
- 在【框架】面板或【设计】视图窗

口中选择框架集，然后选择菜单命令【文件】/【框架集另存为】可以保存框架集文件。

6.1.3 添加框架内容

在创建了框架页后，既可以在各个框架中直接输入网页元素进行保存，也可以在框架中打开已经事先准备好的网页。在框架中打开网页的方法是，将光标置于框架中，然后选择菜单命令【文件】/【在框架中打开】即可。

6.1.4 选择框架和框架集

选择框架和框架集通常有以下两种方式。

一、通过【框架】面板

选择菜单命令【窗口】/【框架】，打开【框架】面板。【框架】面板以缩略图的形式列出了框架页中的框架集和框架，每个框架中间的文字就是框架的名称。在【框架】面板中，直接单击相应的框架即可选择该框架，单击框架集的边框即可选择该框架集。被选择的框架和框架集，其周围出现黑色细线框，如图6-4所示。

二、通过编辑窗口

按住<Alt>键不放，在编辑窗口的框架内单击鼠标左健即可选择该框架，被选择的框架边框将显示为虚线。单击相应的框架集边框即可选择该框架集，被选择的框架集边框也将显示为虚线，如图6-5所示。

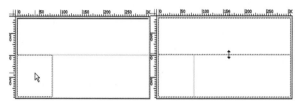

图6-4 在【框架】面板中选择框架和框架集　　图6-5 在编辑窗口中选择框架和框架集

6.1.5 拆分和删除框架

虽然Dreamweaver预先提供了许多框架页，但并不一定满足实际需要，这时就需要在预定义框架页的基础上拆分框架或删除不需要的框架。

一、使用菜单命令拆分框架

选择菜单【修改】/【框架集】下的【拆分左框架】、【拆分右框架】、【拆分上框架】或【拆分下框架】命令可以拆分框架，如图6-6所示。也可以在【插入】/【布局】面板中单击框架按钮组中相应的按钮来拆分框架。这些命令可以用来反复对框架进行拆分，直至满意为止。

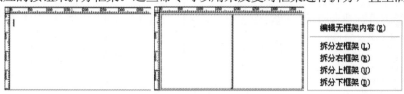

图6-6 【拆分左框架】命令的应用

二、自定义框架集

选择菜单命令【查看】/【可视化助理】/【框架边框】，显示出当前网页的边框，然后将鼠标指针置于框架最外层边框线上，当鼠标指针变为 ↔ 时，单击并拖动鼠标指针到合适的位置即可创建新的框架，如图6-7所示。

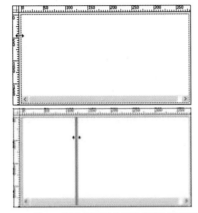

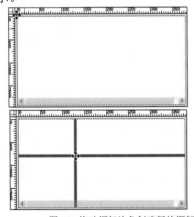

图6-7 拖动框架最外层边框线创建新的框架

如果将鼠标指针置于最外层框架的边角上，当鼠标指针变为 ✛ 时，单击并拖动鼠标指针到合适的位置，可以一次创建垂直和水平的两条边框，将框架分隔为4个框架，如图6-8所示。

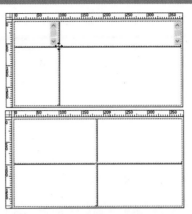

图6-9 拖动内部框架边角调整框架大小

如要创建新的框架，可以先按住<Alt>键，然后拖动鼠标指针，可以对框架进行垂直和水平的分隔，如图6-10所示。

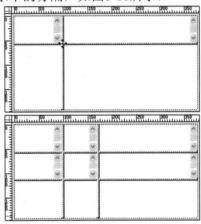

图6-10 对框架进行垂直和水平的分隔

三、删除框架

如果要删除框架页中多余的框架，可以将其边框拖动到父框架边框上或直接拖离页面。

6.1.6 设置框架属性

框架及框架集是一些独立的HTML文档。可以通过设置框架或框架集的属性来对框架或框架集进行修改，如框架的大小、边框宽度和是否有滚动条等。

一、设置框架集属性

选中框架集后，其【属性】面板如图6-11所示。在设置框架集各部分的属性时，

图6-8 拖动框架边角创建新的框架

如果拖动内部框架的边角，可以一次调整周围所有框架的大小，但不能创建新的框架，如图6-9所示。

用鼠标左键单击【属性】面板中相应的缩略图可进行切换。

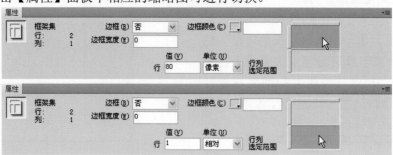

图6-11 框架集【属性】面板

下面对框架集【属性】面板中各项参数的含义进行简要说明。

(1) 【边框】：用于设置是否有边框，其下拉列表中包含"是"、"否"和"默认"3个选项。选择"默认"选项，将由浏览器端的设置来决定是否有边框。

(2) 【边框宽度】：用于设置整个框架集的边框宽度，以"像素"为单位。

(3) 【边框颜色】：用于设置整个框架集的边框颜色。

(4) 【行】或【列】：用于设置行高或列宽，显示【行】还是显示【列】是由框架集的结构决定的。

(5) 【单位】：用于设置行、列尺寸的单位，其下拉列表中包含【像素】、【百分比】和【相对】3个选项。

· 【像素】：以"像素"为单位设置框架大小时，尺寸是绝对的，即这种框架的大小永远是固定的。若网页中其他框架用不同的单位设置框架的大小，则浏览器首先为这种框架分配屏幕空间，再将剩余空间分配给其他类型的框架。

· 【百分比】：以"百分比"为单位设置框架大小时，框架的大小将随框架集大小按所设的百分比发生变化。在浏览器分配屏幕空间时，它比"像素"类型的框架后分配，比"相对"类型的框架先分配。

· 【相对】：以"相对"为单位设置框架大小时，框架在前两种类型的框架分配完屏幕空间后再分配，它占据前两种框架的所有剩余空间。

设置框架大小最常用的方法是将左侧框架设置为固定像素宽度，将右侧框架设置为相对大小。这样在分配像素宽度后，能够使右侧框架伸展以占据所剩余空间。

当设置单位为"相对"时，在【值】文本框中输入的数字将消失。如果想指定一个数字，则必须重新输入。但是，如果只有一行或一列，则不需要输入数字。因为该行或列在其他行和列分配空间后，将接受所有剩余空间。为了确保浏览器的兼容性，可以在【值】文本框中输入"1"，这等同于不输入任何值。

二、设置框架属性

选中框架后，其【属性】面板如图6-12所示。

图6-12 框架【属性】面板

下面对框架【属性】面板中各项参数的含义进行简要说明。

- 【框架名称】：用于设置链接指向的目标窗口名称。
- 【源文件】：用于设置框架中显示的页面文件。
- 【边框】：用于设置框架是否有边框，其下拉列表中包括【默认】、【是】和【否】3个选项。选择【默认】选项，将由浏览器端的设置来决定是否有边框。
- 【滚动】：用于设置是否为可滚动窗口，其下拉列表中包含【是】、【否】、【自动】和【默认】4个选项。"是"表示显示滚动条；"否"表示不显示滚动条；"自动"将根据窗口的显示大小而定，也就是当该框架内的内容超过当前屏幕上下或左右边界时，滚动条才会显示，否则不显示；"默认"表示将不设置相应属性的值，从而使各个浏览器使用默认值。
- 【不能调整大小】：用于设置在浏览器中是否可以手动设置框架的尺寸大小。
- 【边框颜色】：用于设置框架边框的颜色。
- 【边界宽度】：用于设置左右边界与内容之间的距离，以"像素"为单位。
- 【边界高度】：用于设置上下边框与内容之间的距离，以"像素"为单位。

6.1.7 创建浮动框架

浮动框架是一种特殊的框架形式，可以包含在许多元素当中。创建浮动框架的方法是，选择菜单命令【插入】/【标签】，打开【标签选择器】对话框，然后展开【HTML标签】分类，在右侧列表中找到"iframe"，如图6-13所示。

单击 插入(I) 按钮打开【标签编辑器-iframe】对话框进行设置，如图6-14所示；单击 确定 按钮返回到【标签选择器】对话框，然后单击 关闭(C) 按钮关闭【标签选择器】对话框即可。

图6-13 【标签选择器】对话框

图6-14 【标签编辑器-iframe】对话框

下面对标签iframe各项参数的含义进行简要说明。

- 【源】：浮动框架中包含的文档路径名。
- 【名称】：浮动框架的名称，如"topFrame"和"mainFrame"。
- 【宽度】和【高度】：浮动框架的尺寸，有像素和百分比两种单位。
- 【边距宽度】和【边距高度】：浮动框架内元素与边界的距离。

- 【对齐】：浮动框架在外延元素中的5种对齐方式。
- 【滚动】：浮动框架页的滚动条显示状态。
- 【显示边框】：浮动框架的外边框显示与否。

6.2 范例解析——琴棋书画

将素材文件复制到站点根文件夹下，然后创建框架网页，最终效果如图6-15所示。

图6-15 琴棋书画

这是创建框架网页的一个例子，可以先插入预定义框架集，接着再在框架中打开预先制作好的网页，并设置框架集和框架属性，具体操作步骤如下。

1. 选择菜单命令【文件】/【新建】，打开【新建文档】对话框并切换到【示例中的页】选项卡，然后在【示例文件夹】列表框中选择【框架页】选项，在右侧的【示例页】列表框中选择【上方固定，左侧嵌套】选项，单击 创建(R) 按钮创建一个框架页，如图6-16所示。

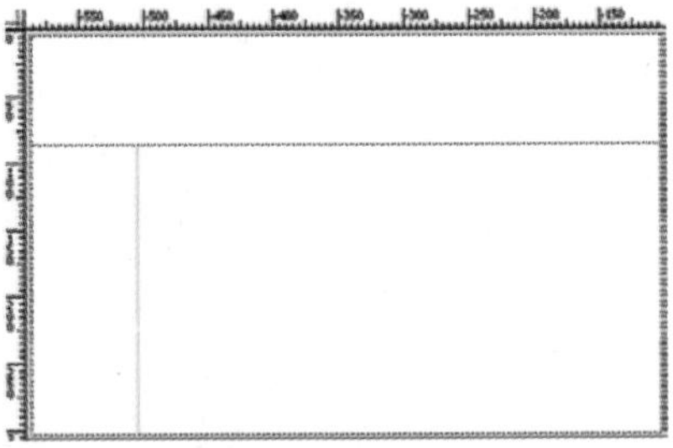

2. 在编辑窗口中用鼠标左键单击最外层框架集边框，然后选择菜单命令【文件】/【框架集另存为】，将框架集文件保存为 "6-2.htm"。

图6-16 创建框架页

3. 将光标置于顶部框架内，选择菜单命令【文件】/【在框架中打开】打开文档 "top.htm"，然后依次在左侧和右侧的框架内打开文档 "left.htm" 和 "main.htm"。

4. 选中第1层框架集，在【属性】面板中，将顶部框架高度设置为 "96像素"，其他设置不变，如图6-17所示。

图6-17 设置第1层框架集属性

5. 选中第2层框架集，在【属性】面板中，将左侧框架列宽设置为"200像素"，其他设置不变，如图6-18所示。

图6-18 设置第2层框架集属性

6. 选中顶部框架，然后在【属性】面板中设置边框为"是"，其他保持默认设置，如图6-19所示。

图6-19 设置顶部框架属性

7. 选中左侧框架，在【属性】面板中设置边框为"否"，其他保持默认设置，如图6-20所示。

图6-20 设置右侧框架属性

8. 选中右侧框架，然后在【属性】面板中设置边框为"否"，其他保持默认设置，如图6-21所示。

图6-21 设置左侧框架属性

9. 选中左侧窗口中的文本"古琴"，然后在【属性】面板中为其添加链接文件"guqin.htm"，并在【目标】下拉列表中选择【mainFrame】选项，如图6-22所示。

图6-22 设置超级链接

10. 利用同样的方法依次给文本"弈棋"、"书法"、"绘画"创建超级链接，分别指向文件"weiqi.htm"、"shufa.htm"、"huihua.htm"，目标窗口均为"mainFrame"。

11. 选择菜单命令【文件】/【保存全部】，保存文件。

6.3 课堂实训——名校导航

将素材文件复制到站点根文件夹下，然后创建框架网页，最终效果如图6-23所示。
这是一个创建和编辑框架网页的例子，步骤提示如下。

1. 创建一个"上方固定，右侧嵌套"的框架页，将整个框架页保存为"6-3.htm"，顶部框架、右侧框架和左侧框架依次保存为"top.htm"、"right.htm"和"main.htm"。

2. 将顶部框架高度设置为"80像素"，右侧框架列宽设置为"180像素"，各个框架的属性均保持默认。

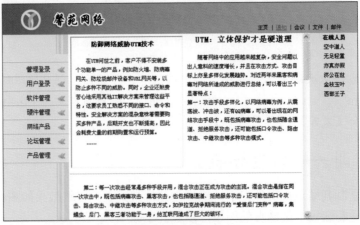

图6-23 名校导航

3. 在文档"top.htm"中，设置背景图像为"bg.jpg"，边距均为"0"，然后插入一个1行1列的表格，宽度为"780像素"，填充、间距和边框均为"0"，然后在其中插入图像"logo.jpg"。

4. 在文档"right.htm"中，设置页面字体为"宋体"，大小为"16像素"，背景图像为"bg.jpg"，链接颜色和已访问链接颜色为"#000"，变换图像链接颜色为"#F00"，然后插入一个10行1列的表格，宽度为"160像素"，填充、间距和边框均为"0"，设置水平对齐为"居中对齐"，垂直对齐方式为"居中"，单元格高度为"30"，然后输入文本。

5. 在文档"main.htm"中，设置页面字体为"宋体"，大小为"16像素"，然后插入一个1行1列的表格，宽度为"550像素"，填充、间距和边框均为"0"，表格对齐方式为"居中对齐"，然后输入文本。

6. 选中右侧窗口中的文本"北京大学"，然后在【属性】面板中为其添加链接地址"http://www.pku.edu.cn/"，并在【目标】下拉列表中选择"mainFrame"选项，其他链接设置方法相同。

7. 选择菜单命令【文件】/【保存全部】，保存文件。

6.4 综合案例——馨苑论坛

将素材文件复制到站点根文件夹下，然后创建框架网页，最终效果如图6-24所示。

图6-24 创建框架网页

这是创建和编辑框架网页的一个例子，可以先插入预定义框架集，接着再插入一个右侧框架，然后在各个框架中打开网页，最后插入浮动框架，具体操作步骤如下。

1. 选择菜单命令【文件】/【新建】，打开【新建文档】对话框并切换到【示例中的页】选项卡，然后在【示例文件夹】列表框中选择【框架页】选项，在右侧的【示例页】列表框中选择【上方固定，左侧嵌套】选项，单击 创建(R) 按钮创建一个框架页。

2. 将光标置于右下方的框架内，在【插入】/【布局】面板的框架按钮组中单击 ▥ 按钮再插入一个框架窗口，如图6-25所示。

3. 在【框架】面板中单击第1层框架集边框选择整个框架集，然后选择菜单命令【文件】/【保存框架页】，将文件保存为"6-4.htm"。

4. 将光标置于顶部框架内，选择菜单命令【文件】/【在框架中打开】打开文档"top.htm"，然后依次在左侧、中间和右侧的框架内打开文档"menu.htm"、"main.htm"和"list.htm"，如图6-26所示。

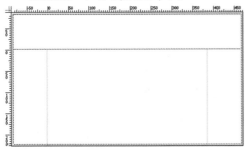
图6-25 插入框架

图6-26 在框架内打开文档

5. 在【属性】面板中设置第1层框架集属性，其中【行】（即顶部框架的高度）设置为"68像素"，接着在【属性】面板中单击框架集底部预览图，并设置相应属性参数，如图6-27所示。

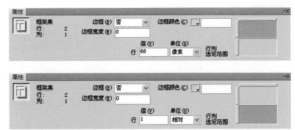

图6-27 设置第1层框架集属性

6. 选中顶部框架，然后在【属性】面板中设置属性参数，如图6-28所示。

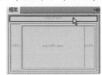

图6-28 设置顶部框架属性

7. 选中第2层框架集，然后在【属性】面板中设置属性参数，其中左侧框架宽度为"154像素"，如图6-29所示。

Dreamweaver CS5 中文版基础培训教程

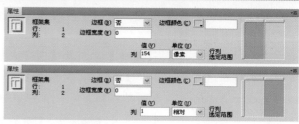

图6-29 设置第2层框架集属性

8. 选中左侧框架，然后在【属性】面板中设置属性参数，如图6-30所示。

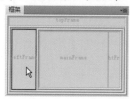

图6-30 设置左侧框架属性

9. 选中第3层框架集，然后在【属性】面板中设置属性参数，其中右侧框架宽度为"112像素"，如图6-31所示。

图6-31 设置第3层框架集属性

10. 选中中间框架，然后在【属性】面板中设置属性参数，如图6-32所示。

图6-32 设置中间框架属性

11. 选中右侧框架，然后在【属性】面板中设置属性参数，如图6-33所示。

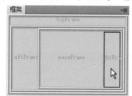

图6-33 设置右侧框架属性

12. 选择菜单命令【文件】/【保存全部】保存文件。

13. 将光标置于中间框架左上角单元格内，然后选择菜单命令【插入】/【标签】，打开【标签选择器】对话框，接着展开【HTML标签】分类，在右侧列表框中找到"iframe"，单击 插入① 按钮打开【标签编辑器－iframe】对话框进行设置，如图6-34所示。

图6-34 【标签编辑器—iframe】对话框

14. 单击 确定 按钮返回到【标签编辑器】对话框，然后单击 关闭(C) 按钮关闭【标签编辑器】对话框。

15. 保存文档。

6.5 课后作业

一、思考题

1. 如何选取框架和框架集？
2. 框架网页中链接的目标窗口与普通网页有什么不同？

二、操作题

根据提示练习创建框架网页的基本操作。

【步骤提示】

1. 创建一个"右侧固定，上方嵌套"的框架网页。
2. 对创建的框架网页进行保存，名称依次为"lianxi.htm"、"top.htm"、"right.htm"、"main.htm"。
3. 将右侧框架列宽设置为"150像素"，将顶部框架行高设置为"90像素"。
4. 根据自己的爱好，在框架页中输入相应的内容。
5. 在右侧框架"rightFrame"中设置超级链接，使其能够在左侧框架"mainFrame"中显示目标页。

第7讲

使用CSS样式

CSS是当前网页设计中非常流行的样式定义技术。本讲将介绍CSS样式的基本知识。

【本讲课时】

本讲课时为3小时。

【教学目标】

● 了解CSS样式的基本类型。

● 熟悉CSS样式的基本属性。

● 掌握创建CSS样式的方法。

● 掌握应用CSS样式的方法。

7.1 功能讲解

CSS（Cascading Style Sheet），可译为"层叠样式表"或"级联样式表"，用于控制Web页面的外观。下面介绍创建和应用CSS样式的基本方法。

7.1.1 创建CSS样式

使用CSS样式，可将页面的内容与表现形式分离。页面内容存放在HTML文档中，而用于定义表现形式的CSS规则存放在另一个独立的样式表文件中或HTML文档的某一部分，通常为文件头部分。下面介绍通过【CSS样式】面板创建CSS样式的方法。

(1) 选择菜单命令【窗口】/【CSS样式】，打开【CSS样式】面板，如图7-1所示。

在【所有规则】列表框中，每选择一种规则，在【属性】列表框中将显示相应的属性和属性值。单击 全部 按钮，将显示文档所涉及的全部CSS样式；单击 当前 按钮，将显示文档中光标所处位置正在使用的CSS样式。

(2) 单击【CSS样式】面板底部的 ⊞ 按钮，打开【新建CSS规则】对话框，如图7-2所示，在【选择器类型】下拉列表中选择要创建的CSS样式类型。

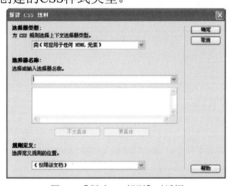

图7-1 【CSS样式】面板　　　　　　图7-2 【新建CSS规则】对话框

- 【类（可应用于任何HTML元素）】

利用该类选择器可创建自定义名称的CSS样式，能够应用在网页中的任何HTML标签上。例如，可以在样式表中加入名为".pstyle"的类样式，代码如下。

```
<style type="text/css">
.pstyle {

        font-family: "宋体";

        font-size: 14px;

        line-height: 20px;

        margin-top: 5px;

        margin-bottom: 5px;
}
</style>
```

在网页文档中可以使用class属性引用".pstyle"类，凡是含有"class=".pstyle""的标签都应用该样式，例子如下。

```
<p class=".pstyle">…</p>
```

- 【ID（仅应用于一个HTML元素）】

利用该类选择器可以为网页中特定的HTML标签定义样式，即通过标签的ID编号来实现，如以下CSS规则。

```
<style type="text/css">
#mytable {

        font-family: "宋体";

        font-size: 14px;

        color: #F00;

}
</style>
```

可以通过ID属性应用到HTML中。

```
<table width="180" id="mytable">...</ table >
```

- 【标签（重新定义HTML元素）】

利用该类选择器可对HTML标签进行重新定义、规范或者扩展其属性。例如，当创建或修改"h2"标签（标题2）的CSS样式时，所有用"h2"标签进行格式化的文本都将被立即更新，如下面的代码。

```
<style type="text/css">
h2 {

        font-family: "黑体";

        font-size: 24px;

        color: #FF0000;

        text-align: center;

}
</style>
```

因此，重定义标签时应多加小心，因为这样做有可能会改变许多页面的布局。例如，对"table"标签进行重新定义，就会影响到其他使用表格的页面布局。

- 【复合内容（基于选择的内容）】

利用该类选择器可以创建复杂的选择器，如"td h2"表示所有在单元格中出现"h2"的标题。而"#myStyle1 a:visited, #myStyle2 a:link, #myStyle3…"表示可以一次性定义相同属性的多个CSS样式。具体示例如下。

```
<style type="text/css">
#mytable tr td hr {

        color: #F00;

}
</style>
```

(3) 在【选择器类型】下拉列表中选择一种类型后，需要在【选择器名称】文本框中选择或输入相应的选择器名称。

类样式的名称需要在【选择器名称】文本框中输入，以点开头，如果没有输入点，Dreamweaver将自动添加。ID样式名称也需要在【选择器名称】文本框中输入，以"#"开

头，如果没有输入"#"，Dreamweaver将自动添加。标签样式名称直接在文本框中选择即可。复合内容样式名称在选择内容后将自动出现在文本框中，也可手动输入，如"body table tr td"。

(4) 最后需要在【规则定义】下拉列表中选择所定义规则的位置，共两个选项：【（仅限该文档）】和【（新建样式表文件）】。

如果选择"（仅限该文档）"选项，单击 确定 按钮后将打开规则定义对话框进行规则定义，如果选择【（新建样式表文件）】选项，单击 确定 按钮后将打开【将样式表文件另存为】对话框，此时需要在【文件名】文本框中输入文件名，样式表文件的扩展名为".css"，如图7-3所示。单击 保存(S) 按钮后将打开规则定义对话框进行规则定义。这些内容见7.1.2小节。

图7-3 【将样式表文件另存为】对话框

7.1.2 设置CSS属性

Dreamweaver将CSS属性分为8大类：类型、背景、区块、方框、边框、列表、定位和扩展，可以在CSS规则定义对话框中进行设置。

一、类型

类型属性主要用于定义网页中文本的字体、大小、颜色、样式、行高及文本链接的

修饰效果等，如图7-4所示。

图7-4 【类型】分类

【类型】分类包含了9种CSS属性，全部是针对网页中的文本的。下面对其中的部分选项进行介绍（限于篇幅，通俗易懂的选项不再详细介绍，下同）。

- 【行高】：英文为Line-height，用于设置行与行之间的垂直距离，有【正常】（normal）和【（值）】（value，常用单位为"像素(px)"）两个选项。

- 【文本修饰】：英文为Text-decoration，用于控制链接文本的显示形态，有【下划线】（underline）、【上划线】（overline）、【删除线】（line-through）、【闪烁】（blink）和【无】（none，使上述效果都不会发生）5种修饰方式可供选择。

二、背景

背景属性主要用于设置背景颜色或背景图像，如图7-5所示。

图7-5 【背景】分类

下面对【背景】分类中的选项进行介绍。

- 【背景颜色】和【背景图像】：英文为Background-color和Background-image，用于设置背景颜色和背景图像。

- 【背景重复】：英文为Background-repeat，用于设置背景图像的平铺方式，有【不重复】（no-repeat）、【重复】（repeat，图像沿水平、垂直方向平铺）、【横向重复】（repeat-x，图像沿水平方向平铺）和【纵向重复】（repeat-y，图像沿垂直方向平铺）4个选项，默认选项是【重复】。

- 【附件】：英文Background-attachment，用来控制背景图像是否会随页面的滚动而一起滚动，有【固定】（fixed，文字滚动时背景图像保持固定）和【滚动】（scroll，背景图像随文字内容一起滚动）两个选项，默认选项是【固定】。

- 【水平位置】和【垂直位置】：英文Background-position，用来确定背景图像的水平/垂直位置。选项有【左对齐】（left，将背景图像与前景元素左对齐）、【右对齐】（right）、【顶部】（top）、【底部】（bottom）、【居中】（center）和【（值）】（value，自定义背景图像的起点位置，可对背景图像的位置做出更精确的控制）。

三、区块

区块属性主要用于控制网页元素的间距、对齐方式等，如图7-6所示。

下面对【区块】分类中的部分选项进行介绍。

- 【文本对齐】：英文为Text-align，用于设置区块的水平对齐方式，选项有【左对齐】（left）、【右对齐】（right）、【居中】（center）和【两端对齐】（justify）。

- 【文字缩进】：英文Text-indent，用于控制区块的缩进程度。

图7-6 【区块】分类

- 【空格】：英文为White-space，在HTML中，空格是被省略的，也就是说，在一个段落标签的开头无论输入多少个空格都是无效的。要输入空格有两种方法，一是直接输入空格的代码 " "，再者是使用 "<pre>" 标签。在CSS中则使用属性 "white-space" 控制空格的输入。该属性有【正常】（normal）、【保留】（pre）和【不换行】（nowrap）3个选项。

- 【显示】：英文为Display，用于设置区块的显示方式，共有19种方式，初学者在使用该选项时，其中的【块】（block）可能经常用到。

四、方框

CSS将网页中所有的块元素都看作是包含在一个方框中的。【方框】分类如图7-7所示，该分类对话框中包含以下6种CSS属性。

- 【宽】和【高】：英文为Width和Height，用于设置方框本身的宽度和高度。

- 【浮动】：英文为Float，用于设置块元素的对齐方式。

- 【清除】：英文为Clear，用于清除设置的浮动效果。
- 【填充】：英文为Padding，用于设置围绕块元素的空白大小，包含了【上】（padding-top，控制上空白的宽度）、【右】（padding-right，控制右空白的宽度）、【下】（padding-bottom，控制下空白的宽度）和【左】（padding-left，控制左空白的宽度）4个选项。
- 【边界】：英文为Margin，用于设置围绕边框的边距大小，包含了【上】（margin-top，控制上边距的宽度）、【右】（margin-right，控制右边距的宽度）、【下】（Margin-bottom，控制下边距的宽度）、【左】（margin-left，控制左边距的宽度）4个选项。如果将对象的左右边界均设置为"自动"，可使对象居中显示，例如表格以及即将要学习的Div标签等。

五、边框

网页元素边框的效果是在【边框】分类中进行设置的，如图7-8所示。

图7-7　【方框】分类　　　　　　　　　图7-8　【边框】分类

【边框】分类对话框中共包括3种CSS属性。

- 【样式】：英文为Style，用于设置边框线的样式，共有【无】（none）、【虚线】（dotted）、【点划线】（dashed）、【实线】（solid）、【双线】（double）、【槽状】（groove）、【脊状】（ridge）、【凹陷】（inset）和【凸出】（outset）9个选项。
- 【宽度】：英文为Width，用于设置边框的宽度，包括【细】（thin）、【中】（medium）、【粗】（thick）和【（值）】（value）4个选项。
- 【颜色】：英文为Color，用于设置各边框的颜色。

六、列表

列表属性用于控制列表内的各项元素，如图7-9所示。列表属性不仅可以修改列表符号的类型，还可以使用自定义的图像来代替项目列表符号，这就使得文档中的列表格式有了更多的外观。使用【位置】（List-style-position）选项可以定义列表符号的显示位置，有【外】（outside，在方框之外显示）和【内】（inside，在方框之内显示）两个选项。

图7-9　【列表】分类

七、定位

定位属性可以使网页元素随处浮动，这对于一些固定元素（如表格）来说，是一种功能的扩展，而对于一些浮动元素（如AP Div）来说，却是有效地用于精确控制其位置的方法，如图7-10所示。

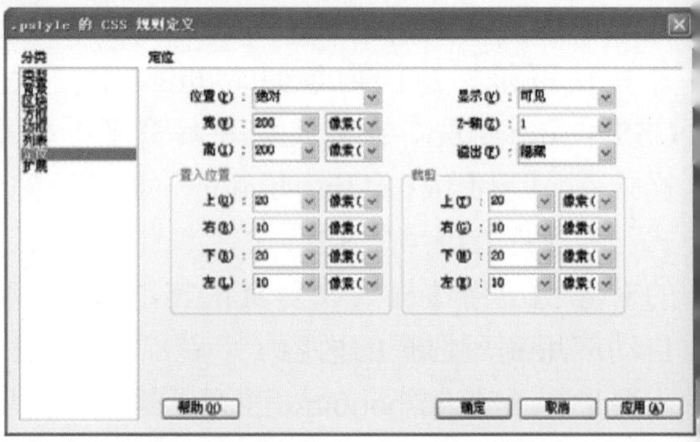

【定位】分类中主要包含以下8种CSS属性。

图7-10　【定位】分类

- 【位置】：英文为Position，用于确定定位的类型，共有【绝对】（absolute，使用坐标来定位元素，坐标原点为页面左上角）、【相对】（relative，使用坐标来定位元素，坐标原点为当前位置）、【静态】（static，不使用坐标，只使用当前位置）和【固定】（fixed）4个选项。

- 【显示】：英文为Visibility，用于设置网页中的元素显示方式，共有【继承】（inherit，继承母体要素的可视性设置）、【可见】（visible）和【隐藏】（hidden）3个选项。

- 【宽】和【高】：英文为Width和Height，用于设置元素的宽度和高度。

- 【Z-轴】：英文Z-index，用于控制网页中块元素的叠放顺序，可以为元素设置重叠效果。该属性的参数值使用纯整数，数值大的在上，数值小的在下。

- 【溢出】：英文为Overflow。在确定了元素的高度和宽度后，如果元素的面积不能全部显示元素中的内容时，该属性才起作用。该属性的下拉列表中共有【可见】（visible，扩大面积以显示所有内容）、【隐藏】（hidden，隐藏超出范围的内容）、【滚动】（scroll，在元素的右边显示一个滚动条）和【自动】（auto，当内容超出元素面积时，自动显示滚动条）4个选项。

- 【置入位置】：英文为Placement，为元素确定了绝对和相对定位类型后，该组属性决定元素在网页中的具体位置。

- 【裁剪】：英文为Clip。当元素被指定为绝对定位类型后，该属性可以把元素区域剪切成各种形状，但目前提供的只有方形一种，其属性值为"rect(top right bottom left)"，即"clip: rect(top right bottom left)"，属性值的单位为任何一种长度单位。

八、扩展

【扩展】分类包含两部分，如图7-11所示。【分页】选项组中两个属性的作用是为打印的页面设置分页符。【视觉效果】选项组中两个属性的作用是为网页中的元素施加特殊效果。

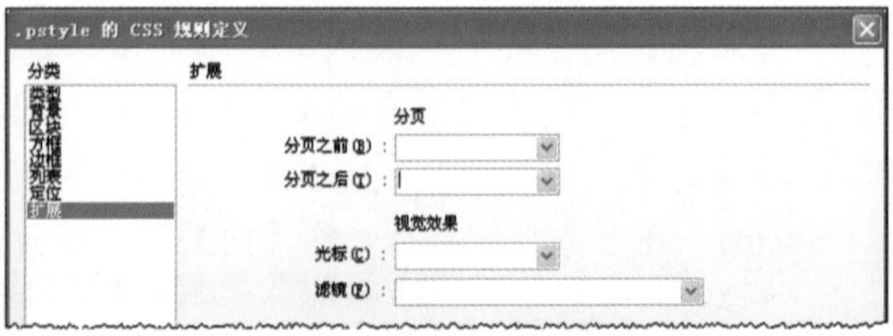

图7-11　【扩展】分类

7.1.3　应用CSS样式

在已经创建好的CSS样式中，标签CSS样式、ID名称CSS样式和复合CSS样式基本上都是自动应用的。重新定义了标签的CSS样式，凡是使用该标签的内容将自动应用该标签CSS样式。如重新定义了段落标签<p>的CSS样式，凡是使用标签<p>的内容都将应用其样式。定义了ID名称CSS样式，拥有该ID名称的对象将应用该样式。复合内容CSS样式将自动应用到所选择的内容上。类样式的应用需要进行手动设置，方法有以下几种。

一、通过【属性】面板

首先选中要应用CSS样式的内容，然后在【属性】面板的【类】下拉列表中选择已经创建好的样式，或者在CSS【属性】面板的【目标规则】下拉列表中选择已经创建好的样式，如图7-12所示。

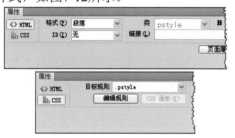

图7-12 通过【属性】面板应用样式

二、通过菜单命令【格式】/【CSS样式】

首先选中要应用CSS样式的内容，然后选择菜单命令【格式】/【CSS样式】，从下拉菜单中选择预先设置好的样式名称，这样就可以将被选择的样式应用到所选的内容上，如图7-13所示。

图7-13 通过菜单命令【文本】/【CSS样式】应用样式

三、通过【CSS样式】面板下拉菜单中的【套用】命令

首先选中要应用CSS样式的内容，然后在【CSS样式】面板中选中要应用的样式，再在面板的右上角单击■按钮，或者直接单击鼠标右键，从弹出的快捷菜单中选择【套用】命令即可应用样式，如图7-14所示。

图7-14 通过【套用】命令

7.1.4 附加样式表

外部样式表通常是供多个网页使用的，其他网页文档要想使用已创建的外部样式表，必须通过【附加样式表】命令将样式表文件链接或者导入到文档中。附加样式表通常有两种途径：链接和导入。在【CSS样式】面板中单击 （附加样式表）按钮，打开【链接外部样式表】对话框，在对话框中选择要附加的样式表文件，如图7-15所示。

图7-15 【链接外部样式表】对话框

选择【链接】单选按钮，单击 确定 按钮将文件导入。通过查看网页的源代码可以发现，在文档的"<head>…</head>"标签之间有如下代码。

```
<link href="main.css" rel="stylesheet" type="text/css">
```

如果选择【导入】单选按钮，则代码如下。

```
@import url("main.css");
```

将CSS样式表引用到文档中，既可以选择【链接】方式也可以选择【导入】方式。如果要将一个CSS样式文件引用到另一个CSS样式文件当中，只能使用【导入】方式。

7.2 范例解析——燃爆竹

将素材文件复制到站点根文件夹下，然后使用CSS样式控制网页外观，最终效果如图7-16所示。

图7-16 燃爆竹

这是使用CSS样式控制网页外观的一个例子，通过【CSS样式】面板创建标签CSS样式"body"来设置网页的背景图像，创建类CSS样式".title"来设置第1行单元格的文本字体、大小和背景图像，创建ID名称CSS样式"#mytable"来设置表格的边框样式、宽度、颜色和居中显示，创建复合内容的CSS样式"#mytable tr td p"来设置第2行单元格文本的字体、大小、行距和段前段后距离，具体操作步骤如下。

1. 打开文档"7-2.htm"，然后选择菜单命令【窗口】/【CSS样式】打开【CSS样式】面板，单击 <img> 按钮打开【新建CSS规则】对话框，重新定义标签"body"的CSS样式，如图7-17所示。

图7-18 定义标签"body"的CSS样式

3. 在【CSS样式】面板中单击 <img> 按钮打开【新建CSS规则】对话框，创建类CSS样式".title"，如图7-19所示。

图7-17 【新建CSS规则】对话框

2. 单击 确定 按钮打开【body的CSS规则定义】对话框，参数设置如图7-18所示。

图7-19 创建类CSS样式".title"

4. 单击 确定 按钮打开【.title的CSS规则定义】对话框，参数设置如图7-20所示。

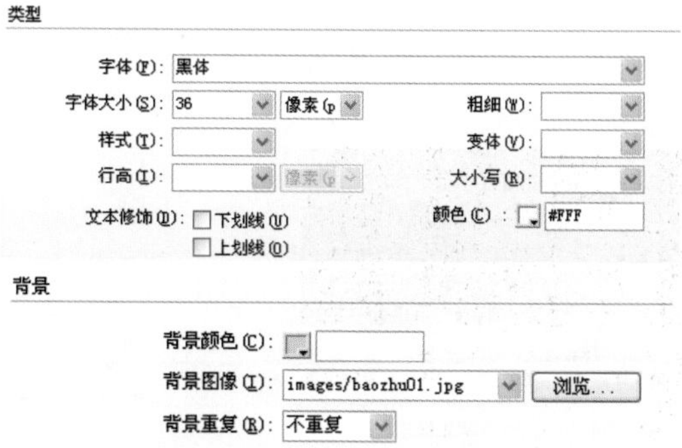

图7-20 【.title的CSS规则定义】对话框

5. 选中标题"燃爆竹"所在单元格，然后在【属性】面板的【类】下拉列表中选择类名称"title"，如图7-21所示。

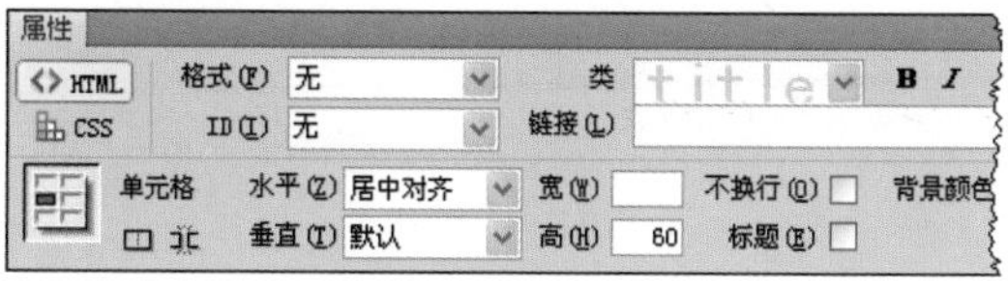

图7-21 应用类样式

6. 选中文档中的表格，在【属性】面板中设置表格的ID名称为"mytable"。

7. 在【CSS样式】面板中单击 按钮打开【新建CSS规则】对话框，创建ID名称CSS样式"#mytable"，如图7-22所示。

图7-22 创建ID名称CSS样式"#mytable"

8. 单击 确定 按钮打开【#mytable的CSS规则定义】对话框，参数设置如图7-23所示。

图7-23 【#mytable的CSS规则定义】对话框

9. 将光标置于正文文本所在段落，并在【CSS样式】面板中单击 按钮打开【新建CSS规则】对话框，创建复合内容的CSS样式"#mytable tr td p"，如图7-24所示。

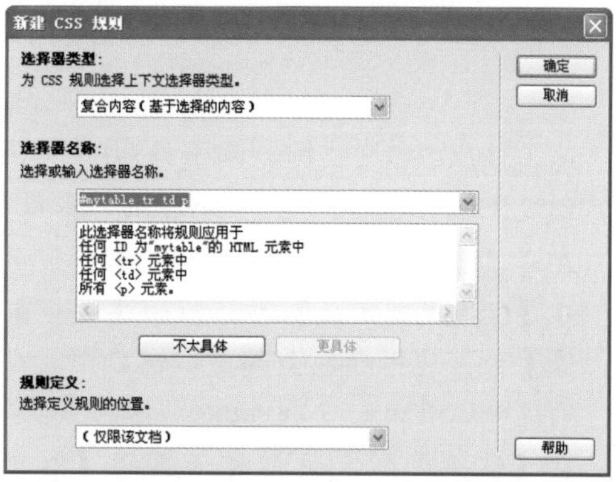

图7-24 创建复合内容的CSS样式"#mytable tr td p"

10. 单击 确定 按钮打开【#mytable tr td p的CSS规则定义】对话框，参数设置如图7-25所示。

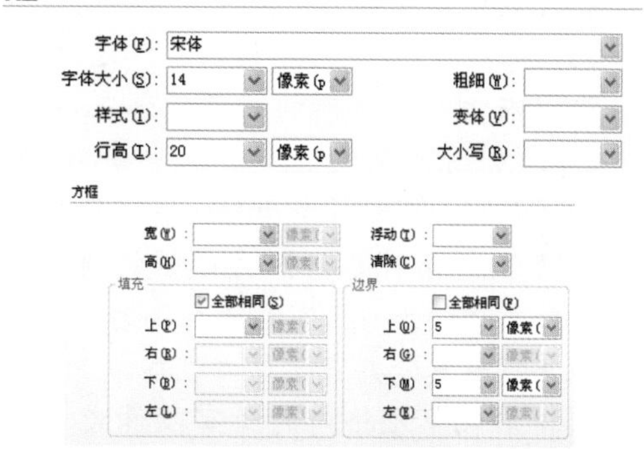

图7-25 【#mytable tr td p的CSS规则定义】对话框

11. 保存文件。

7.3 课堂实训——诺贝尔奖

将素材文件复制到站点根文件夹下，然后使用CSS样式控制网页外观，最终效果如图7-26所示。

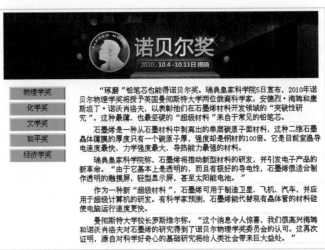

图7-26 诺贝尔奖

这是使用CSS样式控制网页外观的一个例子，步骤提示如下。

1. 创建ID名称CSS样式"#mytable"来设置表格的边框样式。
(1) 在【属性】面板中将表格的ID名称设置为"#mytable"。
(2) 在【CSS规则定义】对话框的【边框】分类中设置样式全部为"实线"，宽度全部为"2像素"，边框颜色全部为"#CCC"。
2. 创建类CSS样式".navigate"来设置表格第2行左侧单元格内的文本样式。
(1) 在【CSS规则定义】对话框的【类型】分类中设置字体为"宋体"，大小为"16像素"，粗细为"粗体"，行高为"25像素"。
(2) 在【背景】分类中设置背景颜色为"#999"。
(3) 在【方框】分类中设置宽度和高度分别为"120像素"和"25像素"，上边界和下边界均为"10像素"，左边界和右边界均为"20像素"。
(4) 在【边框】分类中设置样式全部为"实线"，宽度全部为"3像素"，上边框和左边框颜色均为"#CCC"，下边框和右边框颜色均为"#666"。
(5) 选中左侧单元格内的所有段落文本，在【属性】面板的【类】下拉列表中选择"navigate"。
3. 创建类CSS样式".mytext"来设置表格第2行右侧单元格文本样式。
(1) 在【CSS规则定义】对话框的【类型】分类中设置字体为"宋体"，大小为"16像素"，粗细为"正常"，行高为"20像素"。
(2) 在【方框】分类中设置上边界和下边界均为"5像素"。
(3) 选中右侧单元格内的所有段落文本，在【属性】面板的【类】下拉列表中选择"mytext"。

4. 保存文件。

7.4 综合案例——心灵寄语

将素材文件复制到站点根文件夹下，然后使用CSS设置网页外观，最终效果如图7-27所示。

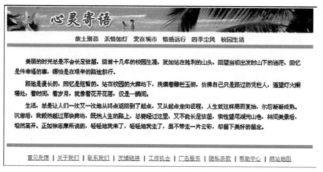

图7-27 心灵寄语

这是使用CSS样式控制网页外观的一个例子，通过【CSS样式】面板创建标签CSS样式"body"来设置网页文本默认的字体和大小，创建ID名称CSS样式"#navigate"来设置页眉导航表格的背景图像，创建复合内容的CSS样式"#navigate tr td a:link, #navigate tr td a:visited"和"#navigate tr td a:hover"来设置页眉导航链接文本的样式，创建复合内容的CSS样式"#main tr td p"来设置表格内文本的行距和段前段后距离，创建类CSS样式".bg"来设置页脚单元格的背景图像，具体操作步骤如下。

1. 打开文档"7-4.htm"，然后选择菜单命令【窗口】/【CSS样式】打开【CSS样式】面板，单击按钮打开【新建CSS规则】对话框，重新定义标签"body"的CSS样式，参数设置如图7-28所示。

图7-28 定义标签"body"的CSS样式

2. 在【CSS样式】面板中单击按钮打开【新建CSS规则】对话框，创建ID名称CSS样式"#navigate"，参数设置如图7-29所示。

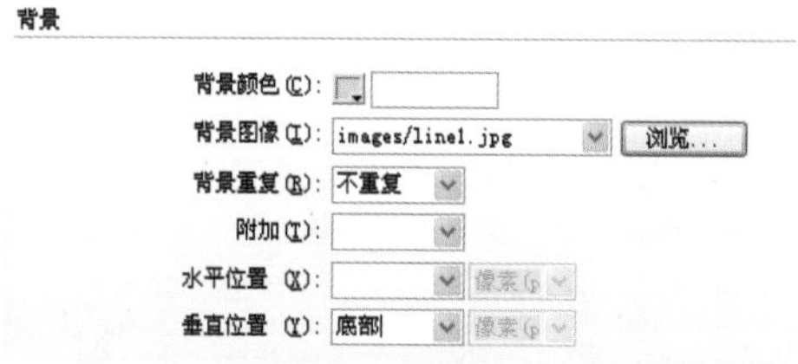

图7-29 创建ID名称CSS样式"#navigate"

3. 在【CSS样式】面板中单击按钮打开【新建CSS规则】对话框，创建复合内容的CSS样式"#navigate tr td a:link, #navigate tr td a:visited"来控制超级链接文本的链接样式和已访问样式，参数设置如图7-30所示。

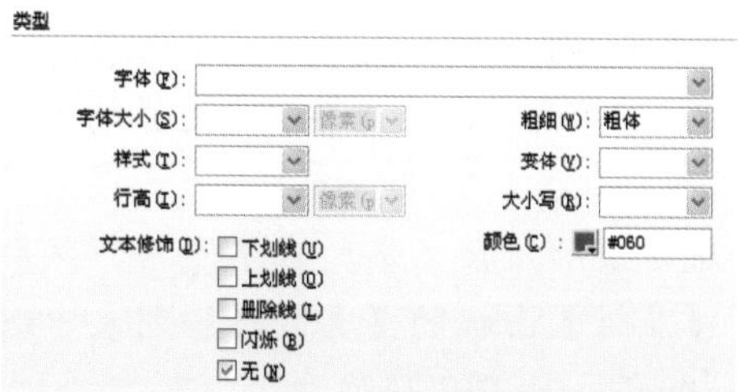

图7-30 创建样式

4. 在【CSS样式】面板中单击按钮打开【新建CSS规则】对话框，创建复合内容的CSS样式"#navigate tr td a:hover"来控制超级链接文本的鼠标悬停样式，参数设置如图7-31所示。

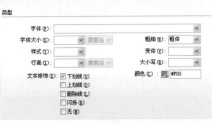

图7-31 创建样式 "#navigate tr td a:hover"

5. 在【CSS样式】面板中单击按钮打开【新建CSS规则】对话框，创建复合内容的CSS样式 "#main tr td p"，参数设置如图7-32所示。

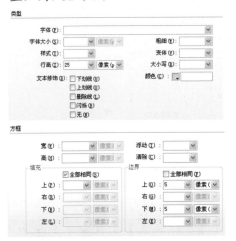

图7-32 创建复合内容的CSS样式 "#main tr td p"

6. 在【CSS样式】面板中单击按钮打开【新建CSS规则】对话框，创建类CSS样式 ".bg"，参数设置如图7-33所示。

图7-33 创建类CSS样式 ".bg"

7. 选中页脚链接文本所在单元格，然后在【属性】面板的【类】下拉列表中选择 "bg"，如图7-34所示。

图7-34 应用类样式

8. 保存文件。

7.5 课后作业

一、思考题

1. CSS样式通常有哪几种类型？
2. 对新建网页如何附加样式表文件？

二、操作题

将素材文档复制到站点根文件夹下，并根据提示设置CSS样式，最终效果如图7-35所示。

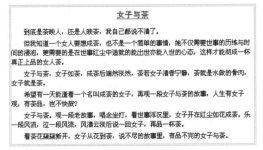

图7-35 女子与茶

【步骤提示】

1. 创建类CSS样式 ".tstyle" 来设置文档标题样式：字体为"黑体"，大小为"18像素"，颜色为"#060"，有下划线，然后应用到标题所在单元格。

2. 创建标签CSS样式 "p" 来设置正文文本样式：字体为"宋体"，大小为"14像素"，行高为"20像素"，上边界和下边界均为"5像素"。

3. 创建ID名称CSS样式 "#mytable" 来设置表格的边框样式：边框样式全部为"双线"，宽度全部为"2像素"，边框颜色全部为"#CCC"。

4. 保存文件。

第8讲
使用Div

Div是网页设计中一种重要的页面布局工具。本讲将介绍Div的基本知识。

【本讲课时】

本讲课时为3小时。

【教学目标】

● 掌握创建AP Div的方法。

● 掌握编辑AP Div的方法。

● 掌握设置AP Div属性的方法。

● 掌握插入Div标签的方法。

● 掌握使用Div+CSS布局网页的方法。

8.1 功能讲解

下面介绍Div的基本知识。

8.1.1 理解基本概念

在学习Div的基本知识时，首先必须理解下面3个概念的区别与联系。

- AP元素：即绝对定位元素，是分配有绝对位置的HTML页面元素，也就是说，可以将任何HTML元素作为AP元素进行分类，前提是为其分配一个绝对位置，例如，一个表格或是一幅图像，只要为其定义了绝对位置属性，其就是AP元素，所有AP元素都将显示在【AP元素】面板中。

- AP Div：即具有绝对定位的Div，是Dreamweaver CS5默认插入的AP元素类型，由于AP Div是一种能够随意定位的页面元素，因此可以将AP Div放置在页面的任何位置，页面中所有的AP Div都会显示在【AP元素】面板中。

- Div标签：即具有相对定位的Div，可以通过手动插入Div标签并对它们应用CSS定位样式来创建页面布局，Div标签是用来定义Web页面内容中的逻辑区域的标签。可以使用Div标签将内容块居中，创建列效果以及创建不同的颜色区域等。

8.1.2 【AP元素】面板

选择菜单命令【窗口】/【AP元素】，打开【AP元素】面板。图8-1所示是一个包含多个AP Div的【AP元素】面板。

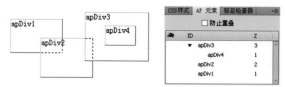

图8-1 【AP元素】面板

【AP元素】面板的主体部分分为3列。第1列为显示与隐藏栏，用来设置AP Div的显示与隐藏。第2列为ID名称栏，它与【属性】面板中【CSS-P元素】选项的作用是相同的。第3列为z轴栏，它与【属性】面板中的z轴选项是相同的。在【AP元素】面板中可以实现以下操作功能。

- 通过双击ID名称可以对AP Div进行重命名，单击▶图标或▼图标可以伸展或收缩嵌套的AP Div。

- 通过双击z轴的顺序号可以修改AP Div的z轴顺序，AP Div的z轴的含义是，除了屏幕的x、y坐标之外，逻辑上增加了一个垂直于屏幕的z轴，z轴顺序就好像AP Div在z轴上的坐标值。这个坐标值可正可负，也可以是0，数值大的在上层，数值小的在下层。

- 通过选择【防止重叠】复选框可以禁止AP Div重叠。

- 通过单击▦栏下方的相应眼睛图标可以设置AP Div的可见性，若需同时改变所有AP Div的可见性，则单击▦图标列最顶端的▦图标，原来所有的AP Div均变为可见或不可见。

- 按住<Shift>键不放依次单击可以选定多个AP Div。

- 按住<Ctrl>键不放，将某一个AP Div拖动到另一个AP Div上，形成嵌套的AP Div。

8.1.3 创建AP Div

在创建AP Div时，可以直接插入一个默认大小的AP Div，也可以直接绘制自定义大小的AP Div。

一、插入默认大小的AP Div

将光标置于文档窗口中，选择菜单命令【插入】/【布局对象】/【AP Div】将插入一个默认大小的AP Div，也可以以将【插入】/【布局】面板上的 按钮拖曳到文档窗口，此时也将插入一个默认大小的AP Div，如图8-2所示。

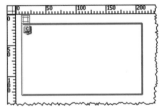

图8-2　插入默认大小的AP Div

当向网页中插入AP Div时，AP Div属性是默认的，如AP Div的大小和背景颜色等。如果希望按照自己预先定义的大小插入AP Div，可以选择菜单命令【编辑】/【首选参数】，弹出【首选参数】对话框，在【分类】列表中选择【AP元素】分类，根据需要对其中的参数进行设置即可，如图8-3所示。

图8-3　定义【AP Div】分类的参数

二、绘制自定义大小的AP Div

在【插入】/【布局】面板上单击 按钮，然后将鼠标指针移至文档窗口中，当指针变为"十"形状时，按住鼠标左键并拖曳，到适合位置释放鼠标左键，将绘制一个自定义大小的AP Div，如图8-4所示。如果想一次绘制多个AP Div，在单击 按钮后，按住<Ctrl>键不放，连续进行绘制即可。

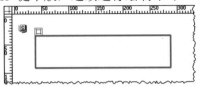

图8-4　绘制AP Div

创建AP Div以后，可以在AP Div中添加文本、图像和表格等网页元素。

8.1.4 创建嵌套AP Div

AP Div的嵌套就是指在一个AP Div中创建另一个AP Div，且包含另一个AP Div。制作嵌套的AP Div通常有两种方式：一种是在AP Div内部新建嵌套AP Div；另一种是将已经存在的AP Div添加到另外一个AP Div内，从而使其成为嵌套的AP Div。

一、绘制嵌套AP Div

在【首选参数】对话框的【AP元素】分类中，选择【在AP Div中创建以后嵌套】复选框，然后在【插入】/【布局】面板中单击 按钮，在现有AP Div中拖曳，则绘制的AP Div就嵌套在现有AP Div中了。

二、插入嵌套AP Div

将光标置于所要嵌套的AP Div中，然后选择菜单命令【插入】/【布局对象】/【AP Div】，插入一个嵌套的AP Div。

AP Div的嵌套和重叠不一样。嵌套的AP Div与父AP Div是有一定关系的，而重叠的AP Div除视觉上有一些联系外，没有其他关系。

8.1.5 AP Div属性

插入AP Div以后，在【属性】面板中可以查看和编辑AP Div的属性，如图8-5所示。

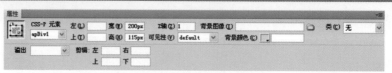

图8-5 AP Div【属性】面板

- 【CSS-P元素】：用来设置AP Div的ID名称，在为AP Div创建ID名称CSS样式或者使用"行为"来控制AP Div时会用到AP Div编号。
- 【左】、【上】：设置AP Div的左边框和上边框距文档左边界和上边界的距离。
- 【宽】、【高】：设置AP Div的宽度和高度。
- 【Z轴】：设置在垂直平面的方向上AP Div的顺序号。
- 【可见性】：设置AP Div的可见性，包括【default】（默认）、【inherit】（继承）、【visible】（可见）和【hidden】（隐藏）4个选项。
- 【背景图像】：设置AP Div的背景图像。
- 【背景颜色】：设置AP Div的背景颜色。
- 【类】：添加对所选CSS样式的引用。
- 【溢出】：用来设置AP Div内容超过AP Div大小时的显示方式，包括4个选项。【visible】选项按照AP Div内容的尺寸向右、向下扩大AP Div，以显示AP Div内的全部内容。【hidden】选项只能显示AP Div尺寸以内的内容。【scroll】选项不改变AP Div大小，但增加滚动条，用户可以通过拖曳滚动条来浏览整个AP Div。该选项只在支持滚动条的浏览器中才有效，而且无论AP Div是否足够大，都会显示滚动条。【auto】选项只在AP Div不足够大时才出现滚动条，该选项也只在支持滚动条的浏览器中才有效。
- 【剪辑】：用来设置AP Div的哪一部分是可见的。

8.1.6 编辑AP Div

在创建了AP Div以后，许多时候要根据实际需要对其进行编辑，如选择、缩放、移动和对齐AP Div等。

一、选择AP Div

选择AP Div有以下几种方法。

- 单击文档中的 图标来选定AP Div，如图8-6所示，如果该图标没有显示，可在【首选参数】/【不可见元素】分类中选择【AP元素的锚点】复选框。
- 将光标置于AP Div内，然后在文档窗口底边的标签条中选择相应的HTML标签，如图8-7所示。
- 单击AP Div的边框线，如图8-8所示，按住<Shift>键不放依次单击AP Div的边框线可以选定多个AP Div。

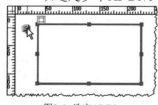

图8-6 选定AP Div

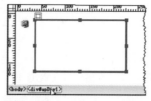

图8-7 选择"<div#apDiv1>"标签

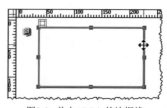

图8-8 单击AP Div的边框线

- 在【AP元素】面板中单击AP Div的名称，如图8-9所示。

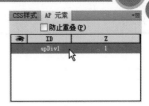

图8-9 单击AP Div的名称

二、缩放AP Div

缩放AP Div仅改变AP Div的宽度和高度，不改变AP Div中的内容。在文档窗口中可以缩放一个AP Div，也可同时缩放多个AP Div，使它们具有相同的尺寸。缩放单个AP Div有以下几种方法。

- 选定AP Div，然后拖曳缩放手柄（AP Div周围出现的小方块）来改变AP Div的尺寸。拖曳上或下手柄改变AP Div的高度，拖曳左或右手柄改变AP Div的宽度，拖曳4个角的任意一个缩放点同时改变AP Div的宽度和高度。
- 选定AP Div，然后按住<Ctrl>键，每按一次方向键，AP Div就被改变一个像素值。
- 选定AP Div，然后同时按住<Shift> + <Ctrl>组合键，每按一次方向键，AP Div就被改变10个像素值。
- 选定AP Div，在【属性】面板的【宽】和【高】文本框内输入数值（要带单位，如100px），并按<Enter>键确认。

如果同时对多个AP Div的大小进行统一调整，通常有以下两种方法。

- 选定多个AP Div，在【属性】面板的【宽】和【高】文本框内输入数值，并按<Enter>键确认，此时文档窗口中所有AP Div的宽度和高度全部变成了指定的宽度。
- 选定多个AP Div，选择菜单命令【修改】/【排列顺序】/【设成宽度相同】或【设成高度相同】来统一宽度或高度，利用这种方法将以最后选定的AP Div的宽度或高度为标准。

三、移动AP Div

要想精确定位AP Div，许多时候要根据需要移动AP Div。移动AP Div时，首先要确定AP Div是可以重叠的，也就是不选择【AP元素】面板中的【防止重叠】复选框，这样AP Div可以不受限制地被移动。移动AP Div的方法主要有以下几种。

- 选定AP Div后，当鼠标指针靠近缩放手柄，变为✥形状时，按住鼠标左键并拖曳，AP Div将跟着鼠标的移动而发生位移。
- 选定AP Div，然后按4个方向键，向4个方向移动AP Div。每按一次方向键，将使AP Div移动1个像素值的距离。
- 选定AP Div，按住<Shift>键，然后按4个方向键，向4个方向移动AP Div。每按一次方向键，将使AP Div移动10个像素值的距离。
- 选定AP Div，在【属性】面板的【左】和【上】文本框内输入数值（要带单位，如150px），并按<Enter>键确认。

四、对齐AP Div

对齐功能可以使两个或两个以上的AP Div按照某一边界对齐。对齐AP Div的方法是，首先将所有AP Div选定，然后选择菜单命令【修改】/【排列顺序】中的相应选项即可。如选择【对齐下缘】命令，将使所有被选中的AP Div的底边按照最后选定AP Div的底边对齐，即所有AP Div的底边都排列在一条水平线上。

8.1.7 插入Div标签

插入Div标签的方法是，选择菜单命令【插入】/【布局对象】/【Div标签】，打开【插入Div标签】对话框。在【插入】下拉列表中定义插入Div标签的位置，如果此时不定义CSS样式，可以单击 确定 按钮直接插入Div标签；如果此时需要定义CSS样式，可以在【ID】下拉列表中输入Div标签的ID名称，然后单击 新建 CSS 规则 按钮创建ID名称CSS样式，当然也可以在【类】下拉列表中输入类CSS样式的名称，然后再单击 新建 CSS 规则 按钮创建类CSS样式。不管使用哪种形式的CSS样式，建议都要对Div标签进行ID命名，以方便页面布局的管理，如图8-10所示。

图8-10 【插入Div标签】对话框

在HTML代码中，AP Div和Div标签使用共同的<div>标记，那么两者有何不同，又有何联系呢？这可以从AP元素的定位方式的角度来说明。

AP元素的定位方式有两种类型：绝对定位和相对定位。通过更改Div的定位方式，可以实现AP Div和Div标签的相互转换。方法是，在CSS规则定位对话框的【位置】下拉列表中选择【绝对】或【相对】选项，如图8-11所示，"绝对"表示绝对定位方式，"相对"表示相对定位方式。

图8-11 AP元素的定位方式

8.2 范例解析

下面通过具体范例来学习AP Div和Div标签的使用方法。

8.2.1 亚运口号

使用AP Div制作阴影文本，在浏览器中的浏览效果如图8-12所示。

激情盛会 和谐亚洲

图8-12 使用AP Div制作特殊效果

这是使用AP Div重叠功能制作特效的一个例子，需要插入两个AP Div，使其位置稍微有所错位，并将文本颜色设置有所差异即可，具体操作步骤如下。

1. 创建一个文档并保存为"8-2-1.htm"，然后选择菜单命令【插入】/【布局对象】/【AP Div】插入一个默认大小的AP Div，并重新设置其属性，如图8-13所示。

图8-13 设置AP Div属性

2. 将光标置于AP Div内，然后输入文本"激情盛会 和谐亚洲"，并在【属性】面板中设置其字体为"黑体"，大小为"36px"，颜色为"#CCC"，如图8-14所示。

图8-14 设置文本属性

3. 继续插入一个AP Div，并重新设置其左和上位置属性，如图8-15所示。

图8-15 设置AP Div属性

4. 将光标置于AP Div内，然后输入文本

"激情盛会 和谐亚洲"，并设置其字体为"黑体"，大小为"36px"，颜色为"#000"，如图8-16所示。

图8-16 设置文本属性

5. 保存文件。

8.2.2 世界名画

将素材文件复制到站点根文件夹下，然后使用Div布局页面，效果如图8-17所示。

世界名画

图8-17 世界名画

这是使用Div标签的一个例子，具体操作步骤如下。

1. 创建一个文档并保存为"8-2-2.htm"，然后选择菜单命令【插入】/【布局对象】/【Div标签】，打开【插入Div标签】对话框，在【ID】下拉列表中输入"Div_1"，如图8-18所示。

图8-18 【插入Div标签】对话框

2. 单击 新建CSS规则 按钮，创建ID名称CSS样式"#Div_1"，如图8-19所示。

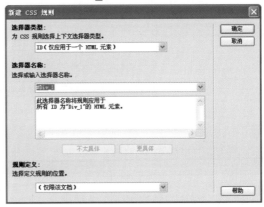

图8-19 【新建CSS规则】对话框

3. 单击 确定 按钮打开【#Div_1的CSS规则定义】对话框，在【类型】分类中设置字体为"黑体"，大小为"36像素"，在【区块】分类中设置文本对齐方式为"居中"，在【方框】分类中设置宽度为"600像素"，左边界和右边界均为"自动"。

4. 在插入的Div标签"Div_1"中输入文本"世界名画"，如图8-20所示。

世界名画

图8-20 输入文本

5. 继续插入Div标签"Div_2"，并创建ID名称CSS样式"#Div_2"，如图8-21所示。

图8-21 插入Div标签"Div_2"

6. 在【#Div_2的CSS规则定义】对话框的【类型】分类中设置字体为"宋体"，大小为"14像素"，行高为"20像素"，在【背景】分类中设置背景颜色为"#FC0"，在【方框】分类中设置宽度和高度分别为"580像素"和"80

像素"，上下左右填充均为"10像素"，上下边界均为"5像素"，左右边界均为"自动"。

7. 在插入的Div标签"Div_2"中输入文本，如图8-22所示。

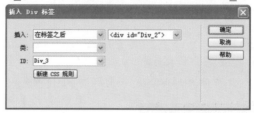

世界名画

这是1877年由英国的洛德·莱顿创作的一幅富于情节性的肖像油彩画，一少女盘腿坐于地摊上，认真、专心地在阅读画册。女孩身着的浅黄色衣裙极富质感，与深色的背景形成对比，更衬托出女孩的专注神情。女孩面容娇好，纯洁严肃，显示出较好的教养。整个画面体现出一种学院派的严谨与优雅。

图8-22 输入文本

8. 继续插入Div标签"Div_3"，并创建ID名称CSS样式"#Div_3"，如图8-23所示。

图8-23 插入Div标签"Div_3"

9. 在【#Div_3的CSS规则定义】对话框的【方框】分类中设置宽度和高度分别为"600像素"和"480像素"，左右边界均为"自动"。

10. 在Div标签"Div_3"中删除提示文本，然后插入图像"yuedu.jpg"。

11. 保存文档。

8.3 课堂实训

下面通过课堂实训来进一步巩固Div的基本知识。

8.3.1 翩翩起舞

将素材文件复制到站点根文件夹下，然后使用AP Div布局页面，最终效果如图8-24所示。

图8-24 翩翩起舞

这是插入和设置AP Div的一个例子，步骤提示如下。

1. 创建一个文档并保存为"8-3-1.htm"，然后插入一个AP Div，左和上边距均为"10px"，宽度和高度分别为"500px"、"312px"，z轴为"1"。

2. 设置上下左右填充均为"5像素"，边框样式为"双线"，宽度为"5"，颜色为"#06F"，并在其中插入图像"qiwu.jpg"。

3. 再插入一个AP Div，左和上边距均为"30px"，宽度和高度分别为"150px"、"40px"，z轴为"2"，然后输入文本，并设置字体为"黑体"，大小为"36像素"，颜色为"#FFF"。

4. 保存文件。

8.3.2 嫦娥奔月

将素材文件复制到站点根文件夹下，然后

使用Div标签布局页面，最终效果如图8-25所示。

图8-25 嫦娥奔月

这是插入和设置Div标签的一个例子，步骤提示如下。

1. 创建一个文档并保存为"8-3-2.htm"。

2. 插入Div标签"Div_1"，并创建ID名称CSS样式"#Div_1"，在【#Div_1的CSS规则定义】对话框的【类型】分类中设置字体为"黑体"，大小为"36像素"，行高为"50像素"，在【背景】分类中设置背景颜色为"#06F"，在【区块】分类中设置文本的水平对齐方式为"居中"，在【方框】分类中设置宽度和高度分别为"505像素"和"50像素"，上下边界均为"5像素"，左右边界均为"自动"，最后输入文本"嫦娥奔月"。

3. 在Div标签"Div_1"之后继续插入Div标签"Div_2"，在【#Div_1的CSS规则定义】对话框的【方框】分类中设置宽度和高度分别为"505像素"和"330像素"，左右边界均为"自动"。

4. 在Div标签"Div_2"内继续插入Div标签"Div_3"，在【#Div_3的CSS规则定义】对话框的【方框】分类中设置宽度和高度分别为"250像素"和"330像素"，浮动为"左对齐"，然后在其中插入图像"chang01.jpg"。

5. 在Div标签"Div_3"之后继续插入Div标签"Div_4"，在【#Div_4的CSS规则定义】对话框的【方框】分类中设置宽度和高度分别为"250像素"和"330像素"，浮动为"左对齐"，左边界为"5像素"，然后在其中插入图像"chang02.jpg"。

6. 保存文档。

8.4 综合案例——人人可乐

将素材文件复制到站点根文件夹下，然后使用Div+CSS布局网页，最终效果如图8-26所示。

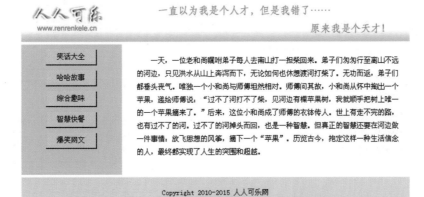

图8-26 人人可乐

这是使用Div+CSS布局网页的一个例子，通过【CSS样式】面板创建标签CSS样式"body"来设置网页文本默认的字体和大小，使用Div标签"headdiv"来布局页眉部分，使用Div标签"maindiv"来布局主体部分，其中分别左侧使用Div标签"maindivleft"，右侧使用Div标签"maindivright"，最后使用Div标签"footdiv"来布局页脚部分，具体操作步骤如下。

1. 创建一个文档并保存为"8-4.htm"，然后在【CSS样式】面板中，单击 按钮打开【新建CSS规则】对话框，重新定义标签"body"的CSS样式，在【类型】分类中设置字体为"宋体"，大小为"14像素"，在【方框】分类中设置上边界为"0"。

图8-27 创建ID名称CSS样式"#headdiv"

2. 在文档中插入Div标签"headdiv"，同时创建ID名称CSS样式"#headdiv"，参数设置如图8-27所示。

3. 将Div标签"headdiv"中的文本删除，然后插入图像"logo.jpg"，如图8-28所示。

图8-28 插入图像"logo.jpg"

4. 接着在Div标签"headdiv"之后插入Div标签"maindiv"，同时创建ID名称CSS样式"#maindiv"，设置方框宽度和高度分别为"770像素"和"250像素"，上下边界均为"5像素"，左右边界均为"自动"。

5. 将Div标签"maindiv"内的文本删除，然后插入Div标签"maindivleft"，然后创建ID名称CSS样式"#maindivleft"，在【背景】分类中设置背景颜色为"#F0CB46"，在【方框】分类中设置宽度和高度分别为"200像素"和"250像素"，浮动为"左对齐"。

6. 将Div标签"maindivleft"内的文本删除，然后输入其他文本并以按<Enter>键进行换行，如图8-29所示。

7. 创建复合内容的CSS样式"#maindiv #maindivleft p"，在【背景】分类中设置背景颜色为"#CCCCCC"，在【区块】分类中设置文本对齐方式为"居中"，在【方框】分类中设置宽度为"100像素"，上和下填充均为"6像素"，上和下边界分别为"10像素"和"0"，左右边界均为"自动"，在【边框】分类中设置右和下边框样式为"凸出"，宽度为"2像素"，颜色为"#666666"，如图8-30所示。

图8-29 输入文本

图8-30 设置文本样式

8. 给所有文本添加空链接 "#"，然后创建复合内容的CSS样式 "#maindiv #maindiv-left p a:link, #maindiv #maindivleft p a:visited"，在【类型】分类中设置文本颜色为 "#000000"，无文本修饰效果，接着创建复合内容的CSS样式 "#maindiv #maindivleft p a:hover"：设置文本颜色为 "#FF0000"，有下划线效果。

9. 接着在Div标签 "maindivleft" 之后插入Div标签 "maindivright"，同时创建ID名称CSS样式 "#maindivright"，设置行高为 "25像素"，方框宽度和高度分别为 "520像素" 和 "210像素"，浮动为 "左对齐"，填充均为 "20像素"，左边界为 "10像素"，最后输入文本，如图8-31所示。

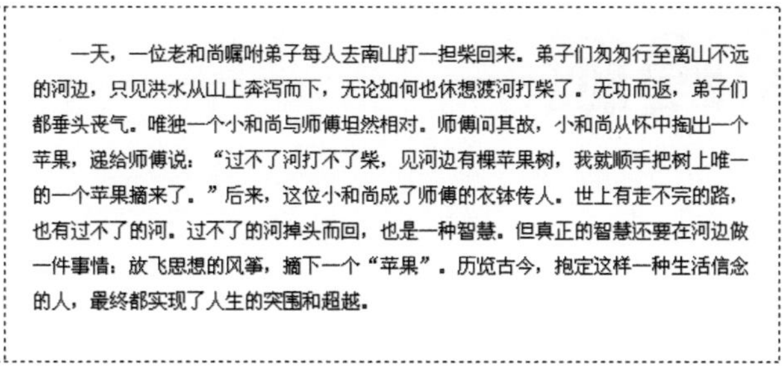

> 　　一天，一位老和尚嘱咐弟子每人去南山打一担柴回来。弟子们匆匆行至离山不远的河边，只见洪水从山上奔泻而下，无论如何也休想渡河打柴了。无功而返，弟子们都垂头丧气。唯独一个小和尚与师傅坦然相对。师傅问其故，小和尚从怀中掏出一个苹果，递给师傅说："过不了河打不了柴，见河边有棵苹果树，我就顺手把树上唯一的一个苹果摘来了。" 后来，这位小和尚成了师傅的衣钵传人。世上有走不完的路，也有过不了的河。过不了的河掉头而回，也是一种智慧。但真正的智慧还要在河边做一件事情：放飞思想的风筝，摘下一个 "苹果"。历览古今，抱定这样一种生活信念的人，最终都实现了人生的突围和超越。

图8-31 输入文本

10. 最后在Div标签 "maindiv" 之后插入Div标签 "footdiv"，同时创建ID名称CSS样式 "#footdiv"，在【类型】分类中设置行高为 "60像素"，在【背景】分类中设置背景颜色为 "#F5D872"，在【区块】分类中设置文本对齐方式为 "居中"，在【方框】分类中设置宽度和高度分别为 "770像素" 和60像素"，左右边界均为 "自动"，最后输入相应的文本。

11. 保存文档。

8.5 课后作业

一、思考题

1. 如何理解AP元素、AP Div和Div标签3个概念？
2. 如何使Div标签居中显示？

二、操作题

自行搜集素材并制作一个网页，要求使用Div+CSS进行页面布局。

第 **9** 讲
使用库和模板

　　使用库和模板可以统一网站风格，提高工作效率。本讲将介绍库和模板的基本知识以及使用库和模板制作网页的基本方法。

【本讲课时】

　　本讲课时为3小时。

【教学目标】

- 了解库和模板的概念。
- 掌握创建和应用库的方法。
- 掌握创建和应用模板的方法。

9.1 功能讲解

下面介绍库和模板的基本知识。

9.1.1 认识库和模板

在网页制作中，有时需要将一些网页元素应用在多个页面内。当修改这些重复使用的页面元素时如果逐页修改相当费时，此时可以使用库项目来解决这个问题。在Dreamweaver中，创建的库项目保存在站点的"Library"文件夹内，"Library"文件夹是自动生成的，不能对其名称进行修改。

模板的功能在于可以批量制作网页，并且可以同时更新多个页面，使网站拥有更统一的外观风格。也就是说，模板是制作具有相同版式和风格的网页文档的基础文档。在Dreamweaver中，创建的模板文件保存在站点的"Templates"文件夹内，"Templates"文件夹是自动生成的，不能对其名称进行修改。

9.1.2 创建库项目

创建库项目既可以创建空白库项目，也可以创建基于选定内容的库项目。

一、创建空白库项目

创建空白库项目的方法是，选择菜单命令【窗口】/【资源】，打开【资源】面板，单击 ▥（库）按钮切换至【库】分类，单击【资源】面板右下角的 🔁（新建库项目）按钮，新建一个库项目，然后在列表框中输入库项目的新名称并按<Enter>键确认，如图9-1所示。此时它还是一个空白库项目，还需要通过单击面板底部的 📝（编辑）按钮或双击库项目名称来打开库项目并添加内容，这样库项目才有实际意义。也可以选择菜单命令【文件】/【新建】，打开【新建文档】对话框，选择【空白页】/【库项目】选项来创建空白库项目。此时的库项目是打开的，添加内容后保存即可。

二、创建基于选定内容的库项目

将网页中现有的对象元素转换为库文件。方法是，在页面中选择要转换的内容，然后选择菜单命令【修改】/【库】/【增加对象到库】，即可将选中的内容转换为库项目，并显示在【库】列表中，最后输入库名称并确认即可，如图9-2所示。

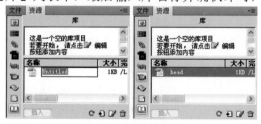

图9-1　创建空白库项目　　　　　　　　图9-2　创建基于选定内容的库项目

9.1.3 应用库项目

下面介绍应用库项目的基本方法。

一、插入库项目

库项目是可以在多个页面中重复使用的页面元素。在网页中插入库项目的方法是，在【资源】面板中选中库项目，然后单击底部的 `插入` 按钮（或者单击鼠标右键，在弹出的快捷菜单中选择【插入】命令），将库项目插入到当前网页文档中。在使用库项目时，Dreamweaver不是向网页中直接插入库项目，而是插入一个库项目链接，通过【属性】面板中的"Src/Library/ruishi.lbi"可以清楚地说明这一点，如图9-3所示。

图9-3　库项目【属性】面板

二、修改库项目

库项目创建以后，根据需要适时地修改其内容是不可避免的。如果要修改库项目，需要直接打开库项目进行修改。方法是，在【资源】面板的库项目列表中双击库项目，或先选中库项目再单击面板底部的　按钮打开库项目，也可以在引用库项目的网页中选中库项目，然后在【属性】面板中单击 `打开` 按钮打开库项目。

三、更新库项目

在库项目被修改且保存后，通常引用该库项目的网页会进行自动更新。如果没有进行自动更新，可以选择菜单命令【修改】/【库】/【更新当前页】，对应用库项目的当前网页进行更新，或选择【更新页面】命令，打开【更新页面】对话框，进行参数设置后更新相关页面，如图9-4所示。如果在【更新页面】对话框的【查看】下拉列表中选择【整个站点】选项，然后从其右侧的下拉列表中选择站点的名称，将会使用当前版本的库项目更新所选站点中的所有页面；如果选择【文件使用…】选项，然后从其右侧的下拉列表中选择库项目名称，将会更新当前站点中所有应用了该库项目的文档。

图9-4　【更新页面】对话框

四、分离库项目

一旦在网页文档中应用了库项目，如果希望其成为网页文档的一部分，这就需要将库项目从源文件中分离出来。方法是，在当前网页中选中库项目，然后在【属性】面板中单击 `从源文件中分离` 按钮，在弹出的信息提示框中单击 `确定` 按钮，将库项目的内容与库文件分离，如图9-5所示。分离后，就可以对这部分内容进行编辑了，因为它已经是网页的一部分，与库项目再没有联系。

五、删除库项目

如果要删除库项目，方法是，打开【资源】面板并切换至【库】分类，在库项目列表中选中要删除的库项目，

图9-5　分离库项目信息提示框

单击【资源】面板右下角的　按钮或直接在键盘上按<Delete>键即可。一旦删除一个库项目，将无法进行恢复，因此应特别小心。

9.1.4 创建模板

下面介绍创建模板的基本方法。

一、创建模板文件

创建模板文件通常有直接创建模板和将现有网页另存为模板两种方式。

(1) 直接创建模板

在【资源】面板中单击 按钮，切换到【模板】分类，单击底部的 按钮，在"Untitled"处输入新的模板名称，并按<Enter>键确认即可，如图9-6所示。此时的模板还是一个空文件，需要通过单击面板底部的 （编辑）按钮打开添加模板对象才有实际意义。

图9-6 通过【资源】面板创建模板

也可以选择菜单命令【文件】/【新建】，打开【新建文档】对话框，然后选择【空白页】/【HTML模板】或【空模板】中的相应选项来创建模板文件，如图9-7所示。

(2) 将现有网页另存为模板

将现有网页保存为模板是一种比较快捷的方式，方法是，打开一个现有的网页，删除其中不需要的内容，并设置模板对象，然后选择菜单命令【文件】/【另存为模板】，打开【另存模板】对话框，将当前的文档保存为模板文件，如图9-8所示。

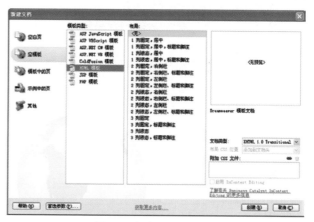

图9-7 【新建文档】对话框

二、添加模板对象

比较常用的模板对象有可编辑区域、重复区域和重复表格，下面进行简要介绍。

(1) 可编辑区域

可编辑区域是指可以进行添加、修改和删除网页元素等操作的区域。选择菜单命令【插入】/【模板对象】/【可编辑区域】打开【新建可编辑区域】对话框，在【名称】文本框中输入可编辑区域名称，单击 确定 按钮即可，如图9-9所示。可编辑区域左上角的选项卡显示可编辑区域的名称。

图9-8 【另存模板】对话框

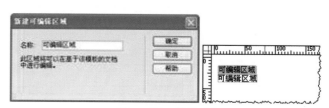

图9-9 插入可编辑区域

修改模板对象名称的方法是，单击模板对象的名称将其选中，然后在【属性】面板的

【名称】文本框中修改模板对象名称即可，如图9-10所示。

图9-10 【属性】面板

(2) 重复区域

重复区域是指可以复制任意次数的指定区域。选择菜单命令【插入】/【模板对象】/【重复区域】，打开【新建重复区域】对话框，在【名称】文本框中输入重复区域名称并单击 确定 按钮，即可插入重复区域，如图9-11所示。重复区域不是可编辑区域，若要使重复区域中的内容可编辑，必须在重复区域内插入可编辑区域或重复表格。

图9-11 插入重复区域

(3) 重复表格

重复表格是指包含重复行的表格格式的可编辑区域，可以定义表格的属性并设置哪些单元格可编辑。选择菜单命令【插入】/【模板对象】/【重复表格】，打开【插入重复表格】对话框，并进行参数设置，然后单击 确定 按钮，即可插入重复表格，如图9-12所示。

图9-12 插入重复表格

重复表格可以被包含在重复区域内，但不能被包含在可编辑区域内。另外，在将现有网页保存为模板时，不能将选定的区域变成重复表格，只能插入重复表格。

如果在【插入重复表格】对话框中不设置【单元格边距】、【单元格间距】和【边框】的值，则大多数浏览器按【单元格边距】为"1"、【单元格间距】为"2"和【边框】为"1"显示表格。【插入重复表格】对话框的上半部分与普通的表格参数没有什么不同，重要的是下半部分的参数。

- 【重复表格行】：用于指定表格中的哪些行包括在重复区域中。
- 【起始行】：用于设置重复区域的第1行。
- 【结束行】：用于设置重复区域的最后1行。
- 【区域名称】：用于设置重复表格的名称。

9.1.5 应用模板

创建模板的目的在于应用，通过模板生成网页的方式有两种。

一、从模板新建网页

选择菜单命令【文件】/【新建】，打开【新建文档】对话框，选择【模板中的页】选项，然后在【站点】列表框中选择站点，在模板列表框中选择模板，并选择【当模板改变时更新页面】复选框，以确保模板改变时更新基于该模板的页面，如图9-13所示，然后单击 创建(R) 按钮来创建基于模板的网页文档。

二、将现有页面应用模板

首先打开要应用模板的网页文档，然后选择菜单命令【修改】/【模板】/【应用模板到页】，或在【资源】面板的模板列表框中选中要应用的模板，再单击面板底部的 应用 按钮，即可应用模板。如果已打开的文档是一个空白文档，文档将直接应用模板；如果打开的文档是一个有内容的文档，这时通常会打开一个【不一致的区域名称】对话框，该对话框会提示用户将文档中的已有内容移到模板的相应区域。

另外，在【资源】面板中修改、更新和删除模板的方法与库是一样的，这里不再赘述。

图9-13 从模板创建网页

9.2 范例解析——月之美

将素材文件复制到站点根文件夹下，然后使用库和模板制作网页，最终效果如图9-14所示。

这是一个使用库和模板制作网页的例子，页眉部分可以制作成库项目，然后创建模板，将库项目插入到网页中，在模板文档中，左侧插入可编辑区域，右侧插入重复区域，在重复区域中再插入可编辑区域，具体操作步骤如下。

图9-14 月之美

1. 选择菜单命令【窗口】/【资源】，打开【资源】面板，单击 按钮切换至【库】分类，单击【资源】面板右下角的 按钮新建一个库项目，然后在列表框中输入库项目的名称"top"，并按<Enter>键确认。

2. 选中库项目"top"，单击面板底部的 按钮打开库项目，然后选择菜单命令【插入】/【表格】，插入一个1行1列的表格，属性参数设置如图9-15所示。

图9-15 表格【属性】面板

3. 在单元格中插入图像"logo.jpg"并保存文件，如图9-16所示。

图9-16 插入图像"logo.jpg"

下面创建模板文件。

4. 将【资源】面板切换至【模板】分类，单击右下角的 按钮新建模板，名称为"9-2"，然后设置页面属性，字体为"宋体"，大小为"14像素"。

5. 双击打开模板文件，在【资源】面板的【库】分类中选中库项目"top"并单击底部的 插入 按钮，将库项目插入到当前网页中。

6. 在库项目的后面继续插入一个1行2列的表格，宽度为 "780像素"，填充、间距和边框均为 "0"，表格的对齐方式为 "居中对齐"。

7. 在【属性】面板中设置左侧和右侧单元格的水平对齐方式均为 "居中对齐"，垂直对齐方式为 "顶端"，宽度分别为 "180" 和 "600"。

8. 将光标置于左侧单元格中，然后选择菜单命令【插入】/【模板对象】/【可编辑区域】打开【新建可编辑区域】对话框，在【名称】文本框中输入可编辑区域名称，单击 确定 按钮插入可编辑区域，如图9-17所示。

图9-17　插入可编辑区域

9. 将光标置于右侧单元格中，然后选择菜单命令【插入】/【模板对象】/【重复区域】打开【新建重复区域】对话框，在【名称】文本框中输入重复区域名称，单击 确定 按钮插入重复区域，如图9-18所示，接着将重复区域中的文本删除，然后插入一个可编辑区域，名称为 "内容"。

图9-18　插入重复区域

10. 创建标签CSS样式 "P"，设置行高为 "20像素"，上下边界均为 "0"，然后在可编辑区域的外面插入一条水平线，属性设置如图9-19所示，接着创建ID名称CSS样式 "#line"，设置上下边界均为 "10像素"。

图9-19　水平线属性设置

11. 保存模板文档，效果如图9-20所示。

图9-20　模板文档

下面使用模板创建网页文档。

12. 选择菜单命令【文件】/【新建】，打开【新建文档】对话框，选择【模板中的页】选项，然后在【站点】列表框中选择站点，在模板列表框中选择模板，并选择【当模板改变时更新页面】复选框，如图9-21所示。

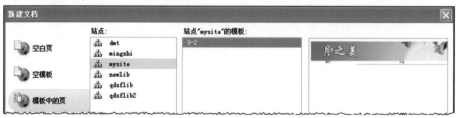

图9-21　【新建文档】对话框

13. 单击 创建(R) 按钮创建基于模板的网页文档并保存为 "9-2.htm"，如图9-22所示。

图9-22 创建文档

14. 将可编辑区域"图片"中的文本删除，插入图像"sinian.jpg"，然后连续单击"重复：左侧导航"文本右侧的"+"按钮6次，添加重复区域，将可编辑区域中的文本删除，并输入相应的文本。

15. 保存文档。

9.3 课堂实训——一翔学校

将素材文件复制到站点根文件夹下，然后创建模板文档，最终效果如图9-23所示。

图9-23 一翔学校

这是使用库和模板制作网页的一个例子，步骤提示如下。

1. 创建模板文件"9-3.dwt"，打开【页面属性】对话框，设置文本大小为"12px"，页边距为"0"，然后插入页眉和页脚两个库文件。

2. 在页眉和页脚中间插入一个1行2列、宽为"780像素"的表格，填充、间距和边框均为"0"，表格对齐方式为"居中对齐"。

3. 设置左侧单元格的水平对齐方式为"居中对齐"，垂直对齐方式为"顶端"，宽度为"160"，然后在左侧单元格中插入名称为"导航栏"的重复区域，将重复区域中的文本删除，然后插入一个1行1列、宽度为"90%"的表格，填充、边框均为"0"，间距为"5"。

4. 设置右侧单元格的水平对齐方式为"居中对齐"，垂直对齐方式为"顶端"，然后在其中插入名称为"内容"的重复表格：行数为"2"，列数为"1"，边距为"0"，间距为"5"，宽度为"90%"，边框为"0"，起始行为"1"，结束行为"2"，区域名称为"中间栏目"，最后把重复表格两个单元格中的可编辑区域的名称分别修改为"标题行"和"内容行"。

5. 保存模板。

9.4 综合案例——名师培养

将素材文件复制到站点根文件夹下，然后使用库和模板制作网页，最终效果如图9-24所示。

图9-24 名师培养

　　这是使用库和模板制作网页的一个例子，页眉和页脚分别做成两个库项目，然后在模板文件中引用它们，主体部分根据需要分别使用重复表格、可编辑区域或重复区域等模板对象，具体操作步骤如下。

1. 在【资源】面板中新建库项目"head"并打开，选择菜单命令【插入】/【表格】，插入一个1行1列的表格，宽度为"780像素"，填充、间距和边框均为"0"，表格对齐方式为"居中对齐"，然后在单元格中插入图像"logo.jpg"并保存，如图9-25所示。

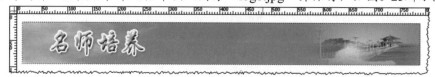

图9-25 插入图像

2. 创建库项目"foot"，然后插入一个2行1列的表格，表格宽度为"780像素"，填充、间距和边框均为"0"，表格的对齐方式为"居中对齐"，设置第1行单元格的水平对齐方式为"居中对齐"，高度为"6"，背景颜色为"#0099FF"，并将单元格源代码中的不换行空格符" "删除，设置第2行单元格的水平对齐方式为"居中对齐"，高度为"30"，并输入相应的文本，如图9-26所示。

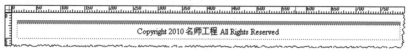

图9-26 创建库项目

3. 在【资源】面板中新建模板"9-4.dwt"并打开，在【属性】面板中单击 页面属性... 按钮打开【页面属性】对话框，设置页面字体为"宋体"，大小为"14像素"，上边界为"0"。

4. 在【资源】面板的【库】分类中选中库项目"head"并单击底部的 插入 按钮，将库项目插入到当前网页中。

下面制作导航栏。

5. 在页眉库项目"head"的下面继续插入一个3行1列的表格，宽度为"780像素"，填充、间距和边框均为"0"，表格的对齐方式为"居中对齐"。

6. 设置第1行和第3行单元格的高度均为"5"，并将单元格源代码中的不换行空格符" "删除，设置第2行单元格水平对齐方式为"居中对齐"，垂直对齐方式为"居中"，单元格高度为"36"，背景颜色为"#B9D3F4"。

7. 创建复合内容的CSS样式".navigate a:link,.navigate a:visited"，参数设置如图9-27所示，接着创建复合内容的CSS样式".navigate a:hover"，设置文本粗细为"粗体"，文本修饰效果为"下划线"，颜色为"#F00"。

图9-27 创建复合内容的CSS样式

8. 在第2行单元格的【类】列表框中选择"navigate"，然后输入文本并添加空链接。

下面插入主体内容表格。

9. 在导航表格的后面继续插入一个1行2列的表格，宽度为"780像素"，填充、间距和边框均为"0"，表格的对齐方式为"居中对齐"。

10. 在【属性】面板中设置左侧单元格水平对齐方式为"居中对齐"，垂直对齐方式为"顶端"，宽度为"280"。

下面在左侧单元格中插入模板对象重复表格并创建超级链接样式。

11. 将光标置于左侧单元格内，然后选择菜单命令【插入】/【模板对象】/【重复表格】，插入重复表格，参数设置如图9-28所示。

图9-28 插入重复表格

12. 将第1行单元格高度设置为"20"，将第2行单元格拆分为左右两个单元格，并设置左边单元格宽度为"80"，高度为"30"，背景颜色为"#E7F1FD"，右侧单元格宽度为"150"，将第3行单元格高度设置为"30"，水平对齐方式设置为"左对齐"。

13. 单击"EditRegion3"，在【属性】面板中将其修改为"导航名称"，同样将"EditRegion4"修改为"导航说明"，如图9-29所示。

图9-29 修改名称

14. 创建复合内容的CSS样式".leftnav a:link, .leftnav a:visited"，设置字体为"黑体"，大小为"16像素"，颜色为"#060"，文本修饰效果为"无"，接着创建复合内容的CSS样式".leftnav a:hover"，设置字体为"黑体"，大小为"16像素"，颜色为"#F00"，文本修饰效果为"下划线"。

15. 选中"导航名称"所在的单元格，在【属性】面板的【类】列表框中选择"leftnav"。

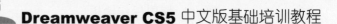

下面设置主体表格右侧单元格中的内容并插入模板对象。

16. 设置主体表格右侧单元格的水平对齐方式为"居中对齐"，垂直对齐方式为"顶端"，宽度为"500"。

17. 在单元格中插入一个1行2列的表格，宽度为"490像素"，填充和边框均为"0"，间距为"5"，然后设置左侧单元格的水平对齐方式为"居中对齐"，宽度为"50%"，设置右侧单元格的水平对齐方式为"左对齐"，垂直对齐方式为"顶端"，宽度为"50%"。

18. 将光标置于左侧单元格中，然后选择菜单命令【插入】/【模板对象】/【可编辑区域】打开【新建可编辑区域】对话框，在【名称】文本框中输入可编辑区域名称，单击 确定 按钮插入可编辑区域，如图9-30所示，然后在右侧单元格中也插入可编辑区域，名称为"消息"。

图9-30　插入可编辑区域

19. 创建标签CSS样式"P"，设置文本大小为"12像素"，上边界为"8像素"，下边界为"0"。

20. 在表格的后面继续插入一个1行1列的表格，宽度为"490像素"，填充和边框均为"0"，间距为"5"，然后在单元格中也插入可编辑区域，名称为"其他内容"。

下面插入页脚库项目。

21. 将光标置于主体表格后面，插入库项目"foot.lbi"并保存文档。

下面使用模板创建文档。

22. 选择菜单命令【文件】/【新建】，打开【新建文档】对话框，选择【模板中的页】选项，然后在【站点】列表框中选择站点，在模板列表框中选择模板，并选择【当模板改变时更新页面】复选框，如图9-31所示。

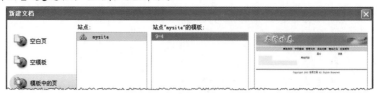

图9-31　【新建文档】对话框

23. 单击 创建(R) 按钮创建基于模板的网页文档并保存为"9-4.htm"，如图9-32所示。

图9-32　创建文档

24. 连续单击"重复：左侧导航"文本右侧的"+"按钮4次，添加重复表格，然后输入相应的文本，并给"导航名称"中的文本添加空链接。

25. 将可编辑区域"图片"中的文本删除，然后添加图像"school.jpg"，将可编辑区域"消息"中的文本删除，然后添加相应文本，将可编辑区域"其他内容"中的文本删除，然后添加图像"mingshi.jpg"，如图9-33所示。

图9-33 添加内容

26. 最后保存文档。

9.5 课后作业

一、思考题

1. 如何理解库和模板的概念？

2. 如何理解可编辑区域、重复区域和重复表格的概念？

二、操作题

制作一个网页，要求使用库和模板功能。

第10讲
使用行为和Spry构件

　　行为能够为网页增添许多动态效果，Spry构件能够使网页布局耳目一新，本讲将介绍在网页中添加行为和Spry布局构件的基本方法。

【本讲课时】

　　本讲课时为3小时。

【教学目标】

● 了解行为和Spry构件的基本概念。

● 掌握添加和设置常用行为的基本方法。

● 掌握插入和设置Spry布局构件的方法。

10.1 功能讲解

下面介绍行为和Spry布局构件的基本知识。

10.1.1 认识行为

行为是Dreamweaver内置的脚本程序，也是事件和动作的组合，因此行为的基本元素有两个：事件和动作。事件是触发动作的原因，动作是事件触发后要实现的效果，对象是产生行为的主体。例如，当浏览者将鼠标指针移到一个链接上时，将会产生一个"on-MouseOver"（鼠标经过）事件。

在了解了行为的概念后，就可以学习如何添加行为了。首先要选中添加行为的对象，然后选择菜单命令【窗口】/【行为】打开【行为】面板，在【行为】面板中单击 按钮，在弹出的行为菜单中选择相应的行为动作并进行设置，最后在【行为】面板中单击事件名右边的 按钮，在弹出的下拉菜单中选择相应的触发事件，如图10-1所示。下面对【行为】面板的按钮进行简要说明。

图10-1 【行为】面板

- **+,按钮**：单击该按钮，会弹出一个菜单，在菜单中选择相应的行为动作，就可以将其附加到当前选择的页面对象上。

- **一按钮**：单击该按钮，可在【行为】面板中删除所选的行为。

- **▲ ▼ 按钮**：单击 ▲ 或 ▼ 按钮，可将被选的行为动作在【行为】面板中向上或向下移动。一个特定事件的动

作将按照指定的顺序执行。对于不能在列表中被上移或下移的动作，该按钮不起作用。

- ≡≡（显示设置事件）按钮：列表中只显示当前正在编辑的事件名称。

- ≡≡（显示所有事件）按钮：列表中显示当前文档中所有事件的名称。

行为中常用的触发事件如下。

- 【onLoad】：当图像或页面完成载入时产生。

- 【onMouseDown】：当在特定元素上按下鼠标按键时产生。

- 【onMouseOut】：当鼠标指针从特定元素（如图像或图像链接）移走时产生。

- 【onMouseOver】：当鼠标指针首次指向特定元素（如链接）时产生。

- 【onSubmit】：当访问者提交表单时产生。

10.1.2 使用行为

下面对常用行为的使用方法进行具体介绍。

一、弹出信息

在文档中选择要触发行为的对象，如图像，然后从行为菜单中选择【弹出信息】命令，在弹出的【弹出信息】对话框中进行参数设置，如图10-2所示。

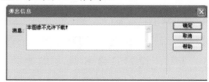

图10-2 设置弹出信息行为

在【行为】面板中将事件设置为【onMouseDown】，即鼠标按下时触发该事件。在浏览网页时，当访问者单击鼠标右键时，将显示"本图像不允许下载！"的提示框，这样就限制了用户使用鼠标右键来下载图像。

二、调用JavaScript

【调用JavaScript】行为能够让设计者使用【行为】面板指定一个自定义功能，或者当一个事件发生时执行一段JavaScript代码。在文档中选择要触发行为的对象，如带有空链接的"关闭窗口"文本，然后从行为菜单中选择【调用JavaScript】命令，弹出【调用JavaScript】对话框，在文本框中输入JavaScript代码，如"window.close()"，用来关闭窗口，如图10-3所示。在【行为】面板中确认触发事件为【onClick】。预览网页，当单击"关闭窗口"超级链接文本时，就会弹出提示对话框，询问用户是否关闭窗口，如图10-4所示。

图10-3 【调用JavaScript】对话框

图10-4 预览网页

三、改变属性

【改变属性】行为用来改变网页元素的属性值，如文本的大小和字体、层的可见性、背景色、图片的来源以及表单的执行等。

例如，在文档中插入一个Div标签"Div_1"并创建ID名称CSS样式"#Div_1"，设置宽度和高度均为"114像素"，边框样式为"实线"，粗细为"5像素"，颜色为"#00F"，并在其中插入一幅宽度和高度均为"114"像素的图像，然后选中Div标签并从【行为】菜单中选择【改变属性】命令，弹出【改变属性】对话框并设置参数，在【行为】面板中确认触发事件为【onMouseOver】，运用相同的方法再添加

一个【onMouseOut】事件及相应的动作，如图10-5所示。

图10-5 【改变属性】对话框

预览网页，当鼠标指针经过含有图像的Div标签时，其边框会变成红色，鼠标指针离开时便恢复为原来的蓝色，如图10-6所示。

图10-6 预览效果

四、交换图像

【交换图像】行为可以将一个图像替换为另一个图像，这是通过改变图像的"src"属性来实现的。虽然也可以通过为图像添加【改变属性】行为来改变图像的"src"属性，但是【交换图像】行为更加复杂一些，可以使用这个行为来创建翻转的按钮及其他图像效果（包括同时替换多个图像）。

例如，在文档中插入一幅图像并命名，然后在【行为】面板中单击 ✦ 按钮，从弹出的【行为】菜单中选择【交换图像】命令，弹出【交换图像】对话框。在【图像】列表框中选择要改变的图像，然后设置其【设定原始档为】选项，并选择【预先载入图像】和【鼠标滑开时恢复图像】复选框，如图10-7所示。

图10-7 【交换图像】对话框

单击 确定 按钮，关闭对话框，在【行为】面板中自动添加了3个行为，其触发事件已进行自动设置，不需要更改，如图10-8所示。预览网页，当鼠标指针滑过图像时，图像会发生变化，如图10-9所示。

图10-8 在【行为】面板中自动添加了3个行为

图10-9 预览效果

五、Spry效果

"Spry效果"是视觉增强功能，几乎可以将它们应用于使用JavaScript的HTML页面上的所有元素中。要使某个元素应用效果，该元素必须处于当前选定状态，或者必须具有一个ID名称。利用该效果可以修改元素的不透明度、缩放比例、位置和样式属性（如背景颜色），也可以组合两个或多个属性来创建有趣的视觉效果。由于这些效果都基于Spry，因此当用户单击应用了效果的对象时，只有对象会进行动态更新，不会刷新整个HTML页面。在【行为】面板的下拉菜单中选择【效果】命令，其子命令如图10-10所示。

图10-10 【效果】命令的子命令

下面对【效果】命令的子命令进行简要说明。

- 【增大/收缩】：使元素变大或变小。
- 【挤压】：使元素从页面的左上角消失。
- 【显示/渐隐】：使元素显示或渐隐。
- 【晃动】：模拟从左向右晃动元素。
- 【滑动】：上下移动元素。
- 【遮帘】：模拟百叶窗，向上或向下滚动百叶窗来隐藏或显示元素。
- 【高亮颜色】：更改元素的背景颜色。

当使用效果时，系统会在【代码】视图中将不同的代码行添加到文件中。其中的一行代码用来标识"SpryEffects.js"文件，该文件是包括这些效果所必需的。不能从代码中删除该行，否则这些效果将不起作用。

10.1.3 认识Spry构件

使用Dreamweaver CS5可以将多个Spry构件添加到页面中，这些构件包括XML驱动的列表和表格、折叠构件、选项卡式界面和具有验证功能的表单元素。可以选择菜单命令【插入】/【Spry】中的相应选项向页面中插入各种Spry构件，也可以通过【Spry】面板中的相应按钮进行操作。

如果要编辑Spry构件，可以将鼠标指针指向此构件直到看到构件的蓝色选项卡式轮廓，单击构件左上角的选项卡将其选中，然后在【属性】面板中编辑构件即可。尽管可以使用【属性】面板编辑Spry构件，但【属性】面板并不支持其外观CSS样式的设置。

如果要修改其外观CSS样式，必须修改对应的CSS样式代码。

10.1.4 使用Spry构件

下面对Spry构件中的布局构件进行介绍。

一、Spry菜单栏

Spry菜单栏是一组可导航的菜单按钮，当将鼠标指针悬停在其中的某个按钮上时，将显示相应的子菜单。创建Spry菜单栏的方法是，选择菜单命令【插入】/【Spry】/【Spry菜单栏】，打开【Spry菜单栏】对话框，选择布局模式，如图10-11所示，单击 确定 按钮，在文档中插入一个Spry菜单栏构件，如图10-12所示。

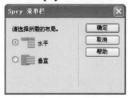

图10-11 【Spry菜单栏】对话框

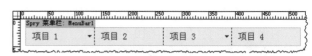

图10-12 在文档中插入Spry菜单栏构件

此时还需要通过【属性】面板添加菜单项及链接目标，如图10-13所示。由【属性】面板可以看出，创建的菜单栏可以有3级菜单。在【属性】面板中，从左至右的3个列表框分别用来定义一级菜单项、二级菜单项和三级菜单项，在定义每个菜单项时，均使用右侧的【文本】、【链接】、【标题】和【目标】4个文本框进行设置。单击列表框上方的➕按钮将添加一个菜单项；单击➖按钮将删除一个菜单项；单击▲按钮将选中的菜单项上移；单击▼按钮将选中的菜单项下移。

图10-13 Spry菜单栏构件的【属性】面板

二、Spry选项卡式面板

Spry选项卡式面板构件是一组面板，用来将内容存储到紧凑空间中。当访问者单击不同的选项卡时，构件的面板会相应地打开。创建Spry选项卡式面板的方法是，选择菜单命令【插入】/【Spry】/【Spry选项卡式面板】，在页面中添加一个Spry选项卡式面板构件，如图10-14所示。

Spry选项卡式面板构件【属性】面板如图10-15所示。

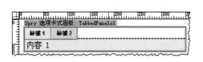

图10-14 添加Spry选项卡式面板构件

图10-15 Spry选项卡式面板构件的【属性】面板

在【属性】面板中，可以在【选项卡式面板】文本框中设置面板的名称，可以在【面板】列表框中单击➕按钮添加面板、单击➖按钮删除面板、单击▲按钮上移面板、单击▼按钮下移面板，在【默认面板】列表框中可以设置在浏览器中显示时默认打开显示内容的面板。选项卡的名字和选项卡内容可以在文档中直接编辑。

三、Spry折叠式构件

Spry折叠式构件是一组可折叠的面板，可以将大量内容存储在一个紧凑的空间中。站点

浏览者可通过单击该面板上的选项卡来隐藏或显示存储在折叠构件中的内容。在折叠式构件中，每次只能有一个内容面板处于打开且可见的状态。创建Spry折叠式构件的方法是，选择菜单命令【插入】/【Spry】/【Spry折叠式】，在页面中添加一个Spry折叠式构件，如图10-16所示。

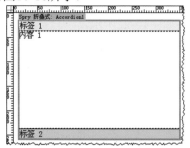

图10-16 添加Spry折叠式构件

Spry折叠式构件【属性】面板如图10-17所示。在【属性】面板中，可以在【折叠式】文本框中设置面板的名称，在【面板】列表框中通过单击➕按钮添加面板、单击➖按钮删除面板、单击🔺按钮上移面板和单击🔻按钮下移面板。可以直接在文档中更改折叠条的标题名称及内容。

图10-17 Spry折叠式构件的【属性】面板

四、Spry可折叠式面板

Spry可折叠面板构件是一个面板，可将内容存储到紧凑的空间中。用户单击构件的选项卡即可隐藏或显示存储在可折叠面板中的内容。创建Spry可折叠面板构件的方法是，选择菜单命令【插入】/【Spry】/【Spry可折叠面板】，在页面中添加一个Spry可折叠面板构件，如图10-18所示。如果页面中需要多个可折叠面板，可以多次选择该命令依次添加。

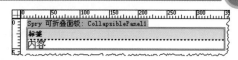

图10-18 添加Spry可折叠面板

Spry可折叠面板【属性】面板如图10-19所示。在【属性】面板中，可以在【可折叠面板】文本框中设置面板的名称，在【显示】列表框中设置面板当前状态为"打开"或"已关闭"，在【默认状态】列表框中设置在浏览器中浏览时面板默认状态为"打开"或"已关闭"，选择【启用动画】复选框将启用动画效果。可以直接在文档中更改面板的标题名称并输入相应的内容。

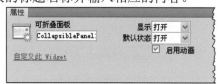

图10-19 Spry可折叠面板的【属性】面板

五、Spry工具提示

Spry工具提示是指当鼠标指针悬停在网页中的特定元素上时，Spry工具提示会显示提示信息，当鼠标指针移开时，提示信息消失。创建Spry工具提示的方法是，选择菜单命令【插入】/【Spry】/【Spry工具提示】，在页面中添加一个Spry工具提示构件，如图10-20所示。此时需要在触发器位置输入文本或插入图像作为触发器，然后在提示内容处输入提示信息。也可以先选择页面上的现有元素（如图像）作为触发器，然后再插入Spry工具提示。

图10-20 Spry工具提示

Spry工具提示【属性】面板如图10-21所示。在【属性】面板中，可以在【Spry工具提示】文本框中设置ID名称，还可以设置水平和垂直偏移量、显示延迟和隐藏延迟以及遮帘和渐隐效果等。

图10-21 Spry工具提示【属性】面板

10.2 范例解析——选项卡式面板

创建一个Spry选项卡式面板，在浏览器中的预览效果如图10-22所示。

这是使用Spry构件创建选项卡式面板的一个例子，具体操作步骤如下。

1. 创建网页文档"10-2.htm"，然后选择菜单命令【插入】/【Spry】/【Spry选项卡式面板】，在页面中添加一个Spry选项卡式面板，如图10-23所示。

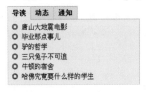

图10-22 Spry选项卡式面板

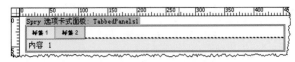

图10-23 添加Spry选项卡式面板

2. 在【属性】面板中，单击列表框上方的 **+** 按钮，再添加一个面板，如图10-24所示。

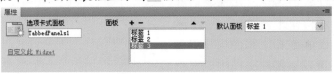

图10-24 添加菜单项

3. 打开【CSS样式】面板，将面板的宽度修改为"320px"，将标签字体大小修改为"bold 1em sans-serif"，如图10-25所示。

4. 在【属性】面板中的【面板】列表框中选择【标签1】选项将选项卡切换到【标签1】，然后将第1个选项卡的名字"标签1"修改为"导读"，将选项卡的内容"内容1"替换为相应的内容。利用相同的方法修改选项卡"标签2"和"标签3"的名字，并添加相应的内容，如图10-26所示。

图10-25 【CSS样式】面板

图10-26 添加选项卡的内容

5. 在【属性】面板的【默认面板】列表框中选择要默认打开的面板，这里仍然选择"导读"面板。

6. 保存文档。

10.3 课堂实训——五岳名山

将素材文件复制到站点根文件夹下，然后使用行为和Spry构件制作网页，最终效果如图10-27所示。

这是使用行为和Spry折叠式构件制作网页的一个例子，步骤提示如下。

1. 创建网页文档"10-3.htm"，然后插入一个Div标签，ID名称为"mydiv"，同时创建ID名称CSS样式"#mydiv"，设置其宽度为"500px"，高度为"自动"。

2. 将Div标签内的文本删除，然后选择菜单命令【插入】/【Spry】/【Spry折叠式】，在页面中添加一个Spry折叠式构件。

图10-27 五岳名山

3. 在【属性】面板中选中"标签2"，然后连续单击➕按钮，依次增加"标签3"、"标签4"、"标签5"。

4. 在【CSS样式】面板中选中类CSS样式".AccordionPanelContent"，然后将其高度修改为"300px"。

5. 在【属性】面板中选中"标签1"，然后在文档中将"标签1"修改为"东岳泰山"，将文本"内容1"删除，插入图像"taishan.jpg"，并使其居中对齐。

6. 给图像添加"弹出信息"行为，使图像不能被下载。

7. 运用同样的方法设置"标签2"至"标签5"，其中插入的图像依次为"huashan.jpg"、"nhengshan.jpg"、"bhengshan.jpg"、"songshan.jpg"。

8. 保存文件。

10.4 综合案例——黄山云海

将素材文件复制到站点根文件夹下，然后使用行为和Spry构件制作网页，最终效果如图10-28所示。

这是使用行为和Spry构件完善网页的一个例子，具体操作步骤如下。

1. 打开网页文档"10-4.htm"。

2. 选中图像，然后在【行为】面板中单击 ➕ 按钮，在弹出的下拉菜单中选择【弹出信息】命令。

3. 在弹出的【弹出信息】对话框的【消息】文本框中输入"图像不许下载！"，如图10-29所示。

图10-28 黄山云海

图10-29 【弹出信息】对话框

4. 单击 确定 按钮关闭对话框，然后在【行为】面板中将触发事件设置为【onMouse-Down】。

5. 仍然选中图像，然后选择菜单命令【插入】/【Spry】/【Spry工具提示】，在页面中添加一个Spry工具提示构件。

6. 在提示内容处输入提示信息，如图10-30所示。

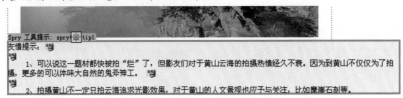

图10-30 输入提示信息

7. 选中Spry工具提示构件，属性设置如图10-31所示。

图10-31 Spry工具提示构件属性设置

8. 保存文件。

10.5 课后作业

一、思考题

1. 如何理解行为的基本概念？

2. 本讲主要介绍了哪几种Spry构件？

二、操作题

制作一个网页，要求使用本讲所介绍的相关行为和Spry构件。

第11讲

使用表单

表单是制作交互式网页的基础。本讲将介绍创建表单和验证表单的基本方法。

【本讲课时】

本讲课时为3小时。

【教学目标】

- 了解表单的基本概念。
- 掌握插入和设置表单对象的方法。
- 掌握使用行为验证表单的方法。
- 掌握插入和设置Spry验证表单对象的方法。

11.1 功能讲解

下面介绍表单的基本知识。

11.1.1 认识表单

表单通常由两部分组成，一部分是用于搜集数据的表单页面，另一部分是客户端处理程序。在制作表单页面时，需要插入表单对象。插入表单对象通常有两种方法：一种是使用菜单命令【插入】/【表单】中的相应选项，另一种是使用【插入】/【表单】面板中的相应工具按钮。如果在【首选参数】对话框的【辅助功能】分类中选择了【表单对象】复选框，在插入表单对象时将弹出【输入标签辅助功能属性】对话框，如图11-1所示。单击 取消 按钮，表单对象也可以插入到文档中，但不会与辅助功能标签或属性相关联。在【首选参数】对话框的【辅助功能】分类中取消选择【表单对象】复选框，在插入表单对象时将不会出现该对话框。

图11-1 表单辅助功能

插入表单后，如果要设置表单对象的属性，需要保证表单对象处于选中状态，然后在【属性】面板中进行设置。

11.1.2 普通表单对象

下面介绍表单页面常用的表单对象。

一、表单和按钮

在页面中插入表单对象时，首先需要选择菜单命令【插入】/【表单】/【表单】，插入一个表单标签，然后再在其中插入各种表

单对象。当然，也可以直接插入表单对象，在首次插入表单对象时，将会提示是否插入表单标签。在【设计】视图中，表单的轮廓线以红色的虚线表示，如图11-2所示。如果看不到轮廓线，可以选择菜单命令【查看】/【可视化助理】/【不可见元素】显示轮廓线。

图11-2 表单

表单【属性】面板如图11-3所示，相关参数简要说明如下。

图11-3 【属性】面板

- 【表单ID】：用于设置能够标识该表单的惟一名称。

- 【动作】：用于设置一个在服务器端处理表单数据的页面或脚本。

- 【方法】：用于设置将表单内的数据传送给服务器的传送方式。【默认】是指用浏览器默认的传送方式，【GET】是指将表单内的数据附加到URL后面传送，但当表单内容比较多时不适合用这种传送方式，【POST】是指用标准输入方式将表单内的数据进行传送，在理论上这种方式不限制表单的长度。

- 【目标】：用于指定一个窗口来显示应用程序或者脚本程序将表单处理完后所显示的结果。

- 【编码类型】：用于设置对提交给服务器进行处理的数据使用的编码类型，默认设置"application/x-www-form-urlencoded"常与【POST】方法协同使用。

按钮对于表单来说是必不可少的，使用按钮可以将表单数据提交到服务器，或者重置该表单。选择菜单命令【插入】/【表单】

/【按钮】，将插入一个按钮，如图11-4所示。

按钮【属性】面板如图11-5所示，相关参数简要说明如下。

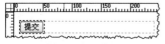

图11-4 插入按钮

图11-5 按钮【属性】面板

- 【值】：用于设置按钮上的文字，一般为"确定"、"提交"或"注册"等。
- 【动作】：用于设置单击该按钮后运行的程序。【提交表单】表示单击该按钮后将表单中的数据提交给表单处理应用程序。【重设表单】表示单击该按钮后表单中的数据将恢复到初始值。【无】表示单击该按钮后表单中的数据既不提交也不重设。

二、文本域和文本区域

文本域是可以输入文本内容的表单对象。选择菜单命令【插入】/【表单】/【文本域】，将在文档中插入文本域，如图11-6所示。

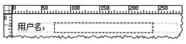

图11-6 插入文本域

文本域【属性】面板如图11-7所示，相关参数简要说明如下。

图11-7 文本域【属性】面板

- 【文本域】：用于设置文本域的惟一名称。
- 【字符宽度】：用于设置文本域的宽度。
- 【最多字符数】：当文本域的【类型】选项设置为"单行"或"密码"时，该属性用于设置最多可向文本域中输入的单行文本或密码的字符数。
- 【类型】：用于设置文本域的类型，包括【单行】、【多行】和【密码】3个选项。当选择【密码】选项并向密码文本域输入密码时，这种类型的文本内容显示为"*"号。当选择【多行】选项时，文档中的文本域将会变为文本区域。
- 【初始值】：用于设置文本域中默认状态下填入的信息。

- 【禁用】：用于设置此复选框是否可用。
- 【只读】：用于设置此复选框是否只读。

选择菜单命令【插入】/【表单】/【文本区域】，将在文档中插入文本区域，如图11-8所示。

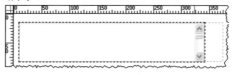

图11-8 插入文本区域

文本区域【属性】面板如图11-9所示。在【属性】面板中，【字符宽度】选项用于设置文本区域的宽度，【行数】选项用于设置文本区域的高度。

图11-9 文本区域【属性】面板

三、单选按钮和复选框

单选按钮主要用于标记一个选项是否被选中，单选按钮只允许用户从选项中选择惟一答案。选择菜单命令【插入】/【表单】/【单选按钮】，将在文档中插入单选按钮，如图11-10所示。

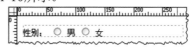

图11-10 插入单选按钮

单选按钮【属性】面板如图11-11所示。

图11-11　单选按钮【属性】面板

在设置单选按钮属性时，需要依次选中各个单选按钮分别进行设置。单选按钮一般以两个或者两个以上的形式出现，它的作用是让用户在两个或者多个选项中选择一项。同一组单选按钮的名称都是一样的，那么依靠什么来判断哪个按钮被选定呢？因为单选按钮具有唯一性，即多个单选按钮只能有一个被选定，所以【选定值】选项就是判断的唯一依据。每个单选按钮的【选定值】选项被设置为不同的数值，如性别"男"的单选按钮的【选定值】选项被设置为"1"，性别"女"的单选按钮的【选定值】选项被设置为"0"。

复选框常被用于有多个选项可以同时被选择的情况。每个复选框都是独立的，必须有一个唯一的名称。选择菜单命令【插入】/【表单】/【复选框】，将在文档中插入复选框，反复执行该操作将插入多个复选框，如图11-12所示。

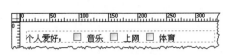

图11-12　插入复选框

复选框【属性】面板如图11-13所示。

图11-13　复选框【属性】面板

在设置复选框属性时，需要依次选中各个复选框分别进行设置。由于复选框在表单中一般都不单独出现，而是多个复选框同时使用，因此其【选定值】就显得格外重要。另外，复选框的名称最好与其说明性文字发生联系，这样在表单脚本程序的编制中将会节省许多时间和精力。由于复选框的名称不同，因此【选定值】可以取相同的值。

四、选择（列表/菜单）和隐藏域

【选择（列表/菜单）】可以显示一个包含有多个选项的可滚动列表，在列表中可以选择需要的项目。选择菜单命令【插入】/【表单】/【选择（列表/菜单）】，将在文档中插入列表或菜单，如图11-14所示。

选择（列表/菜单）【属性】面板如图11-15所示，相关参数简要说明如下。

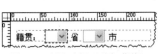

图11-14　插入选择（列表/菜单）

图11-15　列表/菜单【属性】面板

- 【选择】：用于设置列表或菜单的名称。
- 【类型】：用于设置是下拉菜单还是滚动列表。

当【类型】选项设置为"菜单"时，【高度】和【选定范围】选项为不可选，在【初始化时选定】列表框中只能选择1个初始选项，文档窗口的下拉菜单中只显示1个选择的条目，而不是显示整个条目表。

将【类型】选项设置为"列表"时，【高度】和【选定范围】选项为可选状态。其中，【高度】选项用于设置列表框中文档的高度，设置为"1"表示在列表中显示1个选项。【选定范围】选项用于设置是否允许多项选择，选择【允许

多选】复选框表示允许，否则为不允许。

- **【列表值...】**按钮：单击此按钮将打开【列表值】对话框，在这个对话框中可以增减和修改【列表/菜单】的内容。每项内容都有一个项目标签和一个值，标签将显示在浏览器中的列表/菜单中。当列表或者菜单中的某项内容被选中，提交表单时它对应的值就会被传送到服务器端的表单处理程序，若没有对应的值，则传送标签本身。

- **【初始化时选定】**：文本列表框内首先显示"列表/菜单"的内容，然后可在其中设置"列表/菜单"的初始选项。单击欲作为初始选择的选项。若【类型】选项设置为"列表"，则可初始选择多个选项。若【类型】选项设置为"菜单"，则只能初始选择1个选项。

隐藏域主要用来储存并提交非用户输入信息，如注册时间、认证号等，这些都需要使用JavaScript、ASP等源代码来编写，隐藏域在网页中一般不显现。选择菜单命令【插入】/【表单】/【隐藏域】，将插入一个隐藏域，如图11-16所示。隐藏域【属性】面板如图11-17所示。

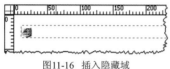

图11-16 插入隐藏域

图11-17 隐藏域的【属性】面板

【隐藏区域】文本框主要用来设置隐藏域的名称。【值】文本框内通常是一段ASP代码，如"<% =Date() %>"，其中"<%…%>"是ASP代码的开始、结束标志，而"Date()"表示当前的系统日期（如，2010-12-20），如果换成"Now()"则表示当前的系统日期和时间（如，2010-12-20 10:16:44），而"Time()"则表示当前的系统时间（如，10:16:44）。

11.1.3 使用行为验证表单

表单在提交到服务器端以前必须进行验证，以确保输入数据的合法性。使用【检查表单】行为可以检查指定文本域的内容，以确保用户输入了正确的数据类型。使用【onBlur】事件将此行为分别添加到各个文本域，在用户填写表单时对域进行检查。使用【onSubmit】事件将此行为添加到表单，在用户提交表单的同时对多个文本域进行检查以确保数据的有效性。

如果用户填写表单时需要分别检查各个域，在设置时需要分别选择各个域，然后在【行为】面板中单击 按钮，在弹出的菜单中选择【检查表单】命令。如果用户在提交表单时检查多个域，需要先选中整个表单，然后在【行为】面板中单击 按钮，在弹出的菜单中选择【检查表单】命令，打开【检查表单】对话框进行参数设置，如图11-18所示。

【检查表单】对话框的各项参数简要说明如下。

- **【域】**：列出表单中所有的文本域和文本区域供选择。

- **【值】**：如果选择【必需的】复选框，表示【域】文本框中必须输入内容。

- **【可接受】**：包括4个单选按钮，其中"任何东西"表示输入的内容不受限制；"电子邮

图11-18 【检查表单】对话框

件地址"表示仅接受电子邮件地址格式的内容；"数字"表示仅接受数字；"数字从…到…"表示仅接受指定范围内的数字。

在设置了【检查表单】行为后，当表单被提交时（""onSubmit""大小写不能随意更改），验证程序会自动启动，必填项如果为空则发生警告，提示用户重新填写，如果不为空则提交表单。

11.1.4　Spry验证表单对象

在制作表单页面时，为了确保采集信息的有效性，往往会要求在网页中实现表单数据验证的功能。Dreamweaver CS5中的Spry框架提供了7个验证表单对象：Spry验证文本域、Spry验证文本区域、Spry验证复选框、Spry验证选择、Spry验证密码、Spry验证确认和Spry验证单选按钮组。

Spry验证表单对象与普通表单对象最简单的区别就是，Spry验证表单对象是在普通表单的基础上添加了验证功能，读者可以通过Spry验证表单对象的【属性】面板进行验证方式的设置。这就意味着Spry验证表单对象的【属性】面板是设置验证方面的内容的，不涉及具体表单对象的属性设置。如果要设置具体表单对象的属性，仍然需要按照设置普通表单对象的方法进行。

一、Spry验证文本域

Spry验证文本域用于在输入文本时显示文本的状态。选择菜单命令【插入】/【表单】/【Spry验证文本域】，将在文档中插入Spry验证文本域，如图11-19所示。

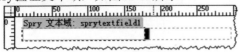

图11-19　Spry验证文本域

单击【Spry文本域：sprytextfield1】，选中Spry验证文本域，其【属性】面板如图11-20所示，相关参数简要说明如下。

图11-20　Spry验证文本域

- 【Spry文本域】：用于设置Spry验证文本域的名称。
- 【类型】：用于设置验证类型和格式，在其下拉列表中共包括14种类型，如整数、电子邮件地址、日期、时间、信用卡、邮政编码、电话号码、IP地址和URL等。
- 【格式】：当在【类型】下拉列表中选择【日期】、【时间】、【信用卡】、【邮政编码】、【电话号码】、【社会安全号码】、【货币】或【IP地址】选项时，该项可用，并根据各个选项的特点提供不同的格式设置。
- 【预览状态】：验证文本域构件具有许多状态，可以根据所需的验证结果，通过【属性】面板来修改这些状态。
- 【验证于】：用于设置验证发生的时间，包括浏览者在文本域外部单击（onBlur）、更改文本域中的文本时（onChange）或尝试提交表单时（onSubmit）。
- 【最小字符数】和【最大字符数】：当在【类型】下拉列表中选择【无】、【整数】、【电子邮件地址】或【URL】选项时，还可以指定最小字符数和最大字符数。
- 【最小值】和【最大值】：当在【类型】下拉列表中选择【整数】、【时间】、【货币】或【实数/科学记数法】选项时，还可以指定最小值和最大值。
- 【必需的】：用于设置Spry验证文本域不能为空，必须输入内容。

- 【强制模式】：用于禁止用户在验证文本域中输入无效内容。例如，如果对【类型】为"整数"的构件集选择此项，那么当用户输入字母时，文本域中将不显示任何内容。

- 【提示】：设置在文本域中显示的提示内容，当单击文本域时提示内容消失，可以直接输入需要的内容。

二、Spry验证文本区域

Spry验证文本区域用于在输入文本段落时显示文本的状态。选择菜单命令【插入】/【表单】/【Spry验证文本区域】，将在文档中插入Spry验证文本区域，如图11-21所示。

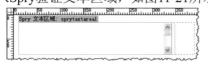

图11-21　Spry 验证文本区域

Spry验证文本区域【属性】面板如图11-22所示。

图11-22　Spry 验证文本区域【属性】面板

在Spry验证文本区域的属性设置中，可以添加字符计数器，以便当用户在文本区域中输入文本时知道自己已经输入了多少字符或者还剩多少字符。

三、Spry验证复选框

Spry验证复选框用于显示在用户选择（或没有选择）复选框时构件的状态。选择菜单命令【插入】/【表单】/【Spry验证复选框】，将在文档中插入Spry验证复选框，如图11-23所示。

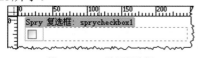

图11-23　Spry 验证复选框

Spry验证复选框【属性】面板如图11-24所示。

图11-24　Spry 验证复选框【属性】面板

默认情况下，Spry验证复选框设置为"必需（单个）"。但是，如果在页面上插入了多个复选框，则可以指定选择范围，即设置为"实施范围（多个）"，然后设置【最小选择数】和【最大选择数】参数。

四、Spry验证选择

Spry验证选择构件是一个下拉菜单，该菜单在用户进行选择时会显示构件的状态（有效或无效）。选择菜单命令【插入】/【表单】/【Spry验证选择】，将在文档中插入Spry验证选择域，如图11-25所示。

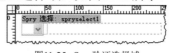

图11-25　Spry 验证选择域

Spry验证选择域【属性】面板如图11-26所示。

图11-26　Spry 验证选择域【属性】面板

【不允许】选项组包括【空值】和【无效值】两个复选框。如果选择【空值】复选框，表示所有菜单项都必须有值；如果选择【无效值】复选框，可以在其后面的文本框中指定一个值，当用户选择与该值相关的菜单项时，该值将注册为无效。例如，如果指定"-1"是无效值（即选择【无效值】复选框，并在其后面的文本框中输入"-1"），并将该值赋给某个选项标签，则当用户选择该菜单项时，将返回一条错误的消息。

如果要添加菜单项和值，必须选中菜单域，在列表/菜单【属性】面板中进行设置。

五、Spry验证密码

Spry验证密码用于在输入密码文本时显示文本的状态。选择菜单命令【插入】/【表

单】/【Spry验证密码】，将在文档中插入Spry验证
密码域，如图11-27所示。

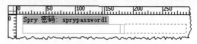

图11-27　Spry验证密码文本域

Spry验证密码域【属性】面板如图11-28所示。

通过【属性】面板，可以设置在Spry验证密码文本域中，允许输入的最大字符数和最小
字符数，同时可以定
义字母、数字、大写
字母以及特殊字符的
数量范围。

图11-28　Spry验证密码【属性】面板

六、Spry验证确认

Spry验证确认用于在输入确认密码时显示文本的状态。选择菜单命令【插入】/【表单】
/【Spry验证确认】，将在文档中插入Spry验证确认密码域，如图11-29所示。

Spry验证确认密码域【属性】面板如图11-30所示。

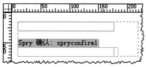

图11-29　Spry验证确认密码文本域

图11-30　Spry验证确认【属性】面板

【验证参照对象】通常是指表单内前一个密码文本域，只有两个文本域内的文本完全相
同，才能通过验证。

七、Spry验证单选按钮组

Spry验证单选按钮组用于在进行单击时
显示构件的状态。选择菜单命令【插入】
/【表单】/【Spry验证单选按钮组】，将在文
档中插入Spry验证单选按钮组，如图11-31所
示。

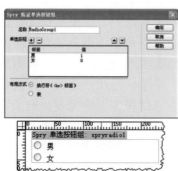

图11-31　Spry验证单选按钮组

Spry验证单选按钮组【属性】面板如图
11-32所示。

图11-32　Spry验证单选按钮组【属性】面板

通过【属性】面板可以设置单选按钮是
不是必须选择，即【必填】项，如果必须，
还可以设置单选按钮组中哪一个是空值，哪
一个是无效值，只需将相应单选按钮的值填
入到【空值】或【无效值】文本框中即可。

11.2　范例解析——用户注册

将素材文件复制到站点根文件夹下，然
后制作表单网页，最终效果如图11-33所示。

图11-33　用户注册

这是制作表单网页的一个例子，具体操
作步骤如下。

1. 打开网页文档"11-2.htm"，将光标置于"姓名："右侧单元格中，选择菜单命令【插入】/【表单】/【文本域】插入一个文本域，然后在【属性】面板中设置各项属性，如图11-34所示。

图11-34 文本域【属性】面板

2. 将光标置于"性别："后面的单元格内，然后选择菜单命令【插入】/【表单】/【单选按钮】，插入两个单选按钮，然后在【属性】面板中设置其属性参数，并分别在两个单选按钮的后面输入文本"男"和"女"，如图11-35所示。

图11-35 插入单选按钮

3. 将光标置于"出生年份："后面的单元格内，然后选择菜单命令【插入】/【表单】/【选择（列表/菜单）】，插入一个【选择（列表/菜单）】域，如图11-36所示。

图11-36 插入【选择（列表/菜单）】域

4. 选定【选择（列表/菜单）】域，在【属性】面板中单击 列表值... 按钮，打开【列表值】对话框，添加【项目标签】和【值】，如图11-37所示。

图11-37 添加【选择（列表/菜单）】的内容

5. 在【属性】面板中将名称设置为

"year"，如图11-38所示。

图11-38 选择（列表/菜单）【属性】面板

6. 将光标置于"爱好："后面的单元格内，然后选择菜单命令【插入】/【表单】/【复选框】插入3个复选框，参数设置如图11-39所示。

图11-39 复选框【属性】面板

7. 将光标置于"自我介绍："后面的单元格内，然后选择菜单命令【插入】/【表单】/【文本区域】插入一个文本区域，如图11-40所示。

图11-40 插入文本区域

8. 将光标置于"自我介绍："下面的第2个单元格内，然后选择菜单命令【插入】/【表单】/【按钮】插入两个按钮，并在【属性】面板中设置其属性参数，如图11-41所示。

图11-41 插入按钮

9. 保存网页。

11.3 课堂实训——登录邮箱

将素材文件复制到站点根文件夹下，然后制作表单网页，最终效果如图11-42所示。

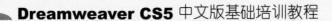

图11-42 登录邮箱

这是制作表单网页的一个例子，步骤提示如下。

1. 插入用户名文本域，名字为"username"，宽度为"20"，类型为"单行"。

2. 插入密码文本域，名字为"password"，宽度为"20"，类型为"密码"。

3. 插入版本选择域，名字为"version"，类型为"菜单"，列表值中的项目标签依次为"默认"、"极速"、"简约"，对应的值依次为"1"、"2"、"3"。

4. 插入两个复选框，名字依次为"rem"、"ssl"，选定值依次为"1"、"2"。

5. 插入一个按钮，名字为"submit"，值为"登录"，动作为"提交表单"。

6. 保存文档。

11.4 综合案例——网上投稿

将素材文件复制到站点根文件夹下，然后制作表单网页，最终效果如图11-43所示。

图11-43 网上投稿

这是创建表单网页的一个例子，其中标题、类别、内容和联系可以使用Spry验证表单对象，图像和按钮可以使用普通表单对象，同时进行属性设置，具体操作步骤如下。

1. 打开网页文档"11-4.htm"，然后将光标置于"标题："右侧单元格中，选择菜单命令【插入】/【表单】/【Spry验证文本域】，插入一个Spry验证文本域，然后在【属性】面板中设置各项属性，如图11-44所示。

图11-44 Spry文本域【属性】面板

2. 选中其中的文本域，然后在【属性】面板中设置其属性，如图11-45所示。

图11-45 文本域【属性】面板

3. 选择菜单命令【插入】/【表单】/【Spry验证选择】，在"类别："后面的单元格中插入一个Spry验证选择域，属性设置如图11-46所示。

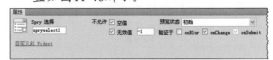

图11-46 Spry验证选择【属性】面板

4. 选中其中的菜单域，然后单击【属性】面板中的 **列表值...** 按钮，添加列表项，并设置初始选项，如图11-47所示。

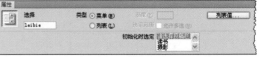

图11-47 添加列表项

5. 选择菜单命令【插入】/【表单】/【Spry验证文本区域】，在"内容:"后面的单元格中插入一个Spry验证文本区域，属性设置如图11-48所示。

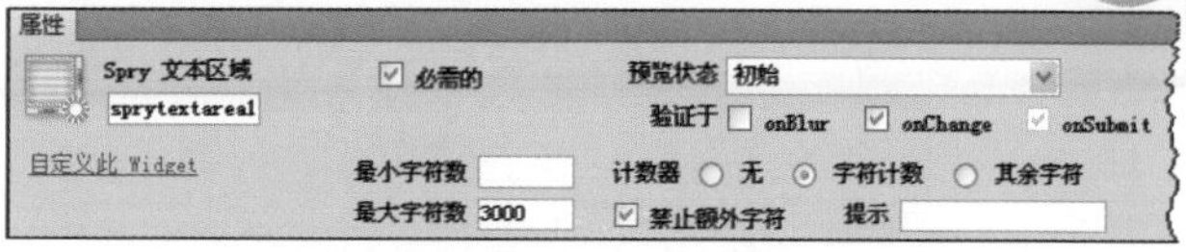

图11-48 Spry验证文本区域【属性】面板

6. 选中其中的文本区域，然后在【属性】面板中设置其属性，如图11-49所示。

图11-49 文本域【属性】面板

7. 选择菜单命令【插入】/【表单】/【文件域】，在"图片:"后面的单元格中插入一个文件域，参数设置如图11-50所示。

图11-50 文件域【属性】面板

8. 选择菜单命令【插入】/【表单】/【Spry验证文本区域】，在"联系:"后面的单元格中插入一个Spry验证文本区域，属性设置如图11-51所示。

图11-51 Spry验证文本区域【属性】面板

9. 选中其中的文本区域，然后在【属性】面板中设置其属性，如图11-52所示。

图11-52 文本区域【属性】面板

10. 选择菜单命令【插入】/【表单】/【按钮】，在最后一行单元格内依次插入两个按钮，并在【属性】面板中设置其属性参数，如图11-53所示。

图11-53 按钮【属性】面板

11. 保存文件。

11.5 课后作业

一、思考题

1. 文本域和文本区域有何区别？
2. Spry验证表单对象有哪些？

二、操作题

观察生活并使用本讲所介绍的表单知识制作一个表单网页。

第12讲
创建ASP应用程序

　　随着计算机网络技术的发展，创建带有后台数据库支撑的网页已是大势所趋，本讲将介绍在可视化环境下创建ASP应用程序的基本方法。

【本讲课时】

　　本讲课时为3小时。

【教学目标】

● 掌握创建数据库连接的方法。

● 掌握显示数据库记录的方法。

● 掌握添加数据库记录的方法。

● 掌握用户身份验证的方法。

12.1 功能讲解

下面介绍在可视化环境下创建ASP应用程序的基本知识。

12.1.1 ASP应用程序环境

使用Dreamweaver CS5开发应用程序，首先必须搭建好开发环境。开发环境主要是指IIS服务器运行环境和在Dreamweaver CS5中使用服务器技术的站点环境。

一、配置IIS服务器

如果不具备远程服务器环境，可以直接在本机上的Windows XP Professional中安装并配置IIS服务器。由于IIS服务器包括Web、FTP和SMTP服务器功能，通常配置好Web服务器即可。方法是，在【控制面板】/【管理工具】中双击【Internet信息服务】选项，打开【Internet信息服务】窗口，单击 ⊞ 按钮，依次展开相应文件夹，用鼠标右键单击【默认网站】选项，在弹出的快捷菜单中选择【属性】命令，弹出【默认网站属性】对话框，配置好【网站】选项卡的【IP地址】选项、【主目录】选项卡的【本地路径】选项、【文档】选项卡的默认首页文档即可，如图12-1所示。

图12-1 配置IIS服务器

二、定义站点

Dreamweaver CS5支持ASP、JSP、Cold Fusion和PHP MySQL等服务器技术，因此在使用Dreamweaver CS5开发应用程序之前，首先要定义一个可以使用服务器技术的站点，以便于程序的开发和测试。方法是，如果是新建站点，选择菜单命令【站点】/【新建站点】，弹出如图12-2所示的对话框；设置好【站点】和【服务器】两个选项即可。

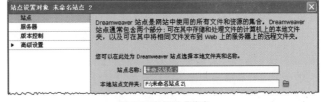

图12-2 设置站点信息

12.1.2 创建数据库连接

ASP应用程序必须通过开放式数据库连接（ODBC）驱动程序（或对象链接）和嵌入式数据库（OLE DB）提供程序连接到数据库。该驱动程序或提供程序用作解释器，能够使Web应用程序与数据库进行通信。

在Dreamweaver CS5中，创建数据库连接必须在打开ASP网页的前提下进行，数据库连接创建完毕后，站点中的任何一个ASP网页都可以使用该数据库连接。创建数据库连接的方式有两种，一种是以自定义连接字符串方式创建数据库连接；另一种是以数据源名称（DSN）方式创建数据库连接。使用自定义连接字符串创建数据库连接，可以保证用户在本地计算机中定义的数据库连接上传到服务器上后继续使用，具有更大的灵活性和实用性，因此被更多用户选用。

Access 97数据库的连接字符串有以下两种格式。

- "Provider=Microsoft.Jet.OLEDB.3.5;Data Source=" & Server.MapPath ("数据库文件相对路径")
- "Provider=Microsoft.Jet.OLEDB.3.5;Data Source=数据库文件物理路径"

Access 2000～Access 2003数据库的连接字符串有以下两种格式。

- "Provider=Microsoft.Jet.OLEDB.4.0;Data Source=" & Server.MapPath("数据库文件相对路径")
- "Provider=Microsoft.Jet.OLEDB.4.0;Data Source=数据库文件物理路径"

Access 2007数据库的连接字符串有以下两种格式。

- "Provider=Microsoft.ACE.OLEDB.12.0;Data Source= "& Server.MapPath ("数据库文件相对路径")
- "Provider=Microsoft.ACE.OLEDB.12.0;Data Source=数据库文件物理路径"

SQL数据库的连接字符串格式如下。

- "PROVIDER=SQLOLEDB;DATA SOURCE=SQL服务器名称或IP地址;UID=用户名;PWD=数据库密码;DATABASE=数据库名称"

另外，使用ODBC原始驱动面向Access数据库的字符串连接格式如下。

- "DRIVER={Microsoft Access Driver (*.mdb)};DBQ=" & Server.MapPath ("数据库文件的相对路径")
- "DRIVER={Microsoft Access Driver (*.mdb)};DBQ=数据库文件的物理路径"

使用ODBC原始驱动面向SQL数据库的字符串连接格式如下。

- "DRIVER={SQL Server};SERVER=SQL服务器名称或IP地址;UID=用户名;PWD=数据库密码;DATABASE=数据库名称"

代码中的"Server.MapPath（）"指的是文件的虚拟路径，使用它可以不理会文件具体存在服务器的哪一个分区下面，只要使用相对于网站根目录或者相对于文档的路径就可以了。

使用Dreamweaver CS5创建字符串连接的方法是，创建或打开一个ASP文档，然后选择菜单命令【窗口】/【数据库】，打开【数据库】面板，在【数据库】面板中单击⊞按钮，在弹出的菜单中选择【自定义连接字符串】命令，弹出【自定义连接字符串】对话框。在【连接名称】文本框中输入连接名称，在【连接字符串】文本框中输入连接字符串，然后选择【使用测试服务器上的驱动程序】单选按钮，单击 **确定** 按钮关闭对话框，完成数据连接的创建工作，如图12-3所示。

对于初次使用自定义连接字符串连接数据库时，可

图12-3　创建数据库连接

能会出现路径无效的错误。这是因为Dreamweaver在建立数据库连接时，会在站点根文件夹下自动生成"_mmServerScripts"文件夹，该文件夹下通常有3个文件，主要用来调试程序使用。但是如果使用自定义连接字符串连接数据库时，系统会提示在"_mmServerScripts"文件夹下找不到数据库。对于这个问题，目前还没有很好的解决方法，不过用户可以将数据库按已存在的相对路径复制一份放在"_mmServerScripts"文件夹下，这样就不会出现路径错误

的情况了。但是如果一开始就出现连接不上的情况，此时不会生成该文件夹，可以修改连接字符串，将"Server.MapPath("data/hyxxb.mdb")"中的数据库路径修改为直接从根目录开始的路径，如"/data/hyxxb.mdb"，即增加了一个"/"，这样就可以连接成功了，"_mmServer-Scripts"文件夹也出现了。当然在上传到服务器前，最好改正过来，服务器操作系统是不会出现这样的问题的，只有在Windows XP操作系统下才会出现这样的问题。

12.1.3 创建记录集

由于网页不能直接访问数据库中存储的数据，而是需要与记录集进行交互。在创建数据库连接以后，要想显示数据库中的记录还必须创建记录集。记录集在ASP中就是一个数据库操作对象，它实际上是通过数据库查询从数据库中提取的一个数据子集，通俗地说就是一个临时的数据表。记录集可以包括一个数据库，也可以包括多个数据表，或者表中部分数据。由于应用程序很少要用到数据库表中的每个字段，因此应该使记录集尽可能小。

可以使用以下任意一种方式打开【记录集】对话框来创建记录集，如图12-4所示。

- 选择菜单命令【插入】/【数据对象】/【记录集】。
- 选择菜单命令【窗口】/【服务器行为】或【绑定】打开【服务器行为】或【绑定】面板，然后单击  按钮，在弹出的菜单中选择【记录集】命令。

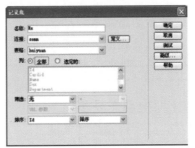

图12-4 创建记录集

- 在【插入】/【数据】面板中单击 记录集 按钮。

下面对【记录集】对话框中的相关参数简要说明如下。

- 【名称】：用于设置记录集的名称，同一页面中的多个记录集不能重名。
- 【连接】：用于设置列表中显示成功创建的数据库连接，如果没有则需要重新定义。
- 【表格】：用于设置列表中显示数据库中的数据表。
- 【列】：用于显示选定数据表中的字段名，默认选择全部字段，也可按<Ctrl>键来选择特定的某些字段。
- 【筛选】：用于设置创建记录集的规则和条件。在第1个列表中选择数据表中的字段；在第2个列表中选择运算符，包括"="、">"、"<"、">="、"<="、"<>"、"开始于"、"结束于"和"包含"9种；第3个列表用于设置变量的类型；文本框用于设置变量的名称。
- 【排序】：用于设置按照某个字段"升序"或者"降序"进行排序。

单击 高级... 按钮可以打开高级【记录集】对话框，进行SQL代码编辑，从而创建复杂的记录集，如图12-5所示。

如果对创建的记录集不满意，可以在【服务器

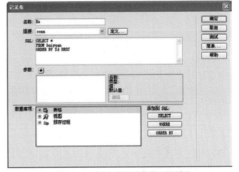

图12-5 高级【记录集】对话框

行为】面板中双击记录集名称，或在其【属性】面板中单击 编辑... 按钮，弹出【记录集】对话框，对原有设置进行重新编辑，如图12-6所示。

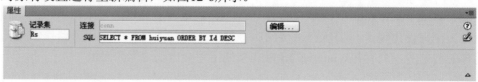

图12-6 【属性】面板

12.1.4 显示记录

在显示记录时，通常需要使用到以下基本知识。

一、动态数据

记录集负责从数据库中取出数据，还要将数据插入到文档中，就需要通过动态数据的形式进行。动态数据包括动态文本、动态表格、动态文本字段、动态复选框、动态单选按钮组和动态选择列表等，下面介绍动态文本。

动态文本就是在页面中动态显示的数据。插入动态文本的方法是，首先打开要插入动态文本的ASP文档，然后将光标置于需要增加动态文本的位置，在【绑定】面板中选择需要绑定的记录集字段，并单击面板底部的 插入 按钮，将动态文本插入到文档中，如图12-7所示。也可以使用鼠标直接将动态文本拖曳到要插入的位置。

图12-7 插入动态文本

如果需要直接插入带格式的动态文本，可以在【服务器行为】面板中单击 ➕ 按钮，在弹出的下拉菜单中选择【动态文本】命令，打开【动态文本】对话框，在【域】列表框中选择要插入的字段，在【格式】下拉

列表中选择需要的格式，如图12-8所示。如果需要对已经插入页又没有设置格式的动态文本设置格式，可以在【服务器行为】面板中双击需要设置格式的动态文本，打开【动态文本】对话框再进行设置即可。

图12-8 【动态文本】对话框

二、重复区域

只有添加了重复区域，记录才能一条一条地显示出来，否则将只显示记录集中的第1条记录。添加重复区域的方法是，用鼠标选中表格中的数据显示行，然后使用以下任意一种方式打开【重复区域】对话框进行设置即可，如图12-9所示。

图12-9 添加重复区域

- 在【服务器行为】面板中单击 ➕ 按钮，在弹出的下拉菜单中选择【重复区域】命令。

- 选择菜单命令【插入】/【数据对象】/【重复区域】。
- 在【插入】/【数据】面板中单击  按钮。

三、 记录集分页

如果定义了记录集每页显示的记录数，那么实现翻页，就要用到记录集分页功能。实现记录集分页的方法是，将光标置于适当位置，然后使用以下任意一种方式打开【记录集导航条】对话框进行设置即可，如图12-10所示。

图12-10 记录集分页

- 选择菜单命令【插入】/【数据对象】/【记录集分页】/【记录集导航条】。
- 在 【插入】/【数据】 面板的记录集分页按钮组中单击 **记录集分页：记录集导航条** 按钮。

【记录集导航条】对话框中的【记录集】下拉列表将显示在当前网页文档中已定义的记录集名称，如果定义了多个记录集，这里将显示多个记录集名称，如果只有一个记录集，不用特意去选择。在【显示方式】选项组中，如果选择【文本】单选按钮，则会添加文字用作翻页指示；如果选择【图像】单选按钮，则会自动添加4幅图像用作翻页指示。

四、 显示记录记数

使用显示记录记数功能，可以在每页都显示记录在记录集中的起始位置以及记录的总数。设置显示记录计数的方法是，将光标置于适当位置，然后使用以下任意一种方式打开【记录集导航状态】对话框进行设置即

可，如图12-11所示。

图12-11 【记录集导航状态】对话框

- 选择菜单命令【插入】/【数据对象】/【显示记录计数】/【记录集导航状态】。
- 在 【插入】/【数据】 面板中单击 **记录集导航状态** 按钮。

至此，显示数据库记录的基本功能就介绍完了。

12.1.5 插入记录

使用插入记录服务器行为可以将记录插入到数据表中，方法是，首先需要制作一个能够输入数据的表单页面，然后在【服务器行为】面板中单击按钮，在弹出的下拉菜单中选择【插入记录】命令，弹出【插入记录】对话框，进行参数设置即可，如图12-12所示。

图12-12 【插入记录】对话框

在【连接】下拉列表中选择已创建的数据连接，在【插入到表格】下拉列表中选择数据表，在【插入后，转到】文本框中定义插入记录后要转到的页面，在【获取值自】下拉列表中选择表单的名称，在【表单元素】下拉列表中选择相应的选项，在【列】下拉列表中选择数据表中与之相对应的字段名，在【提交为】下拉列表中选择该表单元

素的数据类型，如果表单元素的名称与数据库中的字段名称是一致的，这里将自动对应，不需要人为设置。

12.1.6 用户身份验证

用户身份验证包括限制对页的访问、用户登录与注销和检查新用户名等。

通常一个管理系统的后台页面是不允许普通用户访问的，这就要求必须对每个页面添加"限制对页的访问"功能。方法是，打开要添加此功能的网页，然后在【服务器行为】面板中单击➕按钮，在弹出的下拉菜单中选择【用户身份验证】/【限制对页的访问】命令，弹出【限制对页的访问】对话框，进行参数设置即可，如图12-13所示。

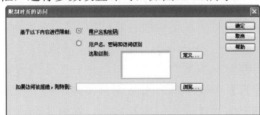

图12-13 【限制对页的访问】对话框

页面一旦添加了限制对页的访问功能，管理员就必须通过登录才能访问这些页面，添加用户登录服务器行为的方法是，打开要添加此功能的网页，然后在【服务器行为】面板中单击➕按钮，在弹出的下拉菜单中选择【用户身份验证】/【登录用户】命令，弹出【登录用户】对话框，进行参数设置即可，如图12-14所示。

图12-14 【登录用户】对话框

用户登录成功以后，如果要离开，最好进行用户注销。方法是，选中提示注销的文本，然后在【服务器行为】面板中单击➕按钮，在弹出的下拉菜单中选择【用户身份验证】/【注销用户】命令，弹出【注销用户】对话框，进行参数设置即可，如图12-15所示。

图12-15 【注销用户】对话框

在注册新用户时，通常是不允许用户名相同的，这就要求在注册新用户时能够检查用户名在数据库中是否已经存在。方法是，打开用户注册的网页，在【服务器行为】面板中单击➕按钮，在弹出的下拉菜单中选择【用户身份验证】/【检查新用户名】命令，弹出【检查新用户名】对话框，进行参数设置即可，如图12-16所示。

图12-16 【检查新用户名】对话框

12.2 范例解析

下面介绍显示和添加记录的具体方法。

12.2.1 显示会员信息

将素材文件复制到站点根文件夹下，然后使用服务器技术将数据表"huiyuan"中的数据显示出来，在浏览器中的最终效果如图12-17所示。

这是显示数据库记录的一个例子，首先需要搭建好ASP应用程序开发环境；然后创建数据库连接，并插入动态文本，设置重复区域、记录集分页和导航状态，具体操作步骤如下。

显示会员信息

记录 1 到 6 (总共 6

卡号	姓名	性别	系别	存款
996688335	宋温馨	女	2008地理	10
896325186	宋佳丽	女	2008数学	8
826478921	胡晓丽	女	2008艺术	5
668899332	宋佳佳	女	2009历史	3
886688991	王山高	男	2008中文	2
875946216	王晓明	男	2008英语	5

图12-17 显示会员信息

1. 在【控制面板】/【管理工具】中双击【Internet信息服务】选项，打开【Internet信息服务】窗口，用鼠标右键单击【默认网站】选项，在弹出的快捷菜单中选择【属性】命令，弹出【默认网站属性】对话框，在【网站】选项卡的【IP地址】文本框中输入本机的IP地址。切换到【主目录】选项卡，在【本地路径】文本框中设置网页所在目录，如"F:\mysite"。切换到【文档】选项卡，添加默认的首页文档名称，如图12-18所示。

图12-18 配置IIS服务器

2. 选择菜单命令【站点】/【新建站点】，在弹出的对话框中设置好【站点】选项，如图12-19所示。

图12-19 本地站点信息

3. 在【服务器】选项中，单击 ➕ 按钮弹出新的对话框，参数设置如图12-20所示。

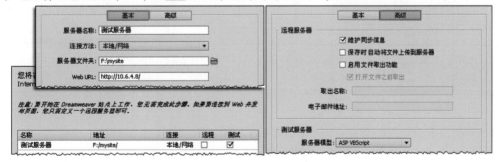

图12-20 测试服务器信息

4. 打开网页文档"12-2-1.asp"，选择菜单命令【窗口】/【数据库】，打开【数据库】面板，在【数据库】面板中单击 ➕ 按钮，在弹出的快捷菜单中选择【自定义连接字符串】命令创建数据库连接，如图12-21所示。

图12-21 创建数据库连接

其中，使用的字符串如下所示。

"Provider=Microsoft.Jet.OLEDB.4.0;Data Source=" & Server.MapPath("data/hyxxb.mdb")

如果连接不成功，请将"data/hyxxb.mdb"修改为"/data/hyxxb.mdb"，连接成功后，可以将数据库及其所在的文件夹"data"复制到"_mmServerScripts"文件夹下。

5. 选择菜单命令【窗口】/【绑定】，打开【绑定】面板，然后单击 ➕ 按钮，在弹出的菜单中选择【记录集】命令创建记录集"Rs"，如图12-22所示。

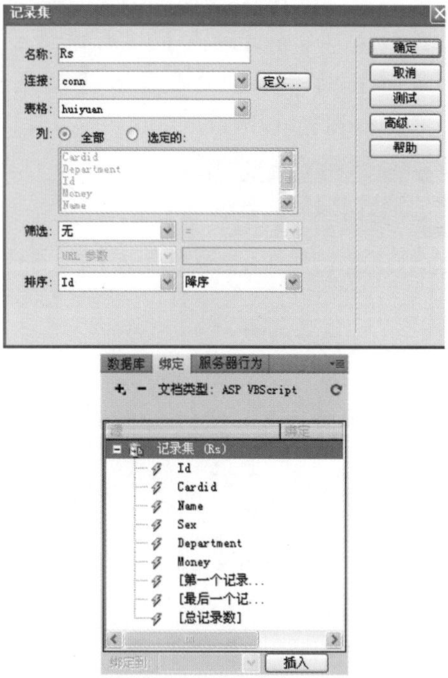

图12-23 插入动态文本

7. 选中表格中的动态数据行，然后在【服务器行为】面板中单击 ➕ 按钮，在弹出的下拉菜单中选择【重复区域】命令设置重复区域，如图12-24所示。

图12-24 设置重复区域

8. 在【服务器行为】面板中，双击"动态文本（Rs.Name）"打开【动态文本】对话框，在【格式】下拉列表中选择"编码-Server.HTMLEncode"，如图12-25所示。

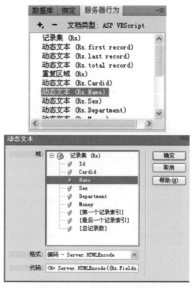

图12-25 设置动态文本格式

9. 利用同样的方法依次给"Rs.Sex"、"Rs.Department"添加动态文本格式

图12-22 创建记录集

6. 将光标置于"卡号"下面的单元格内，然后在【绑定】面板中选中"Cardid"，单击 插入 按钮插入动态文本，然后利用相同的方法依次插入其他动态文本，如图12-23所示。

"编码-Server.HTMLEncode"，以保障能正常显示数据库中的中文文本。

10. 将光标置于表格最下面一行，然后选择菜单命令【插入】/【数据对象】/【记录集分页】/【记录集导航条】，设置分页功能，如图12-26所示。

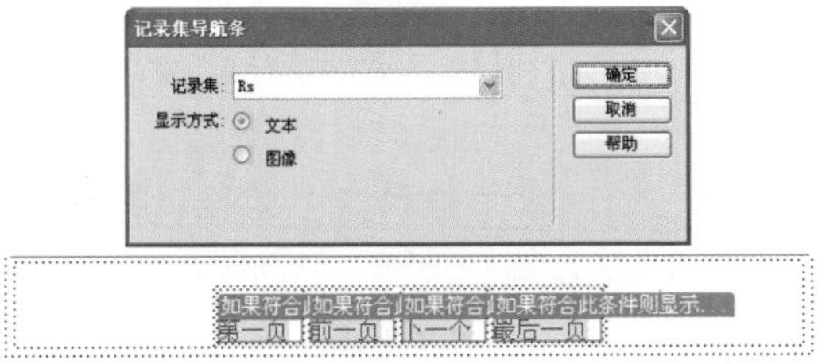

图12-26 设置分页功能

11. 将光标置于文本"显示会员信息"下面一行单元格内，然后选择菜单命令【插入】/【数据对象】/【显示记录记数】/【记录集导航状态】，设置记录记数功能，如图12-27所示。

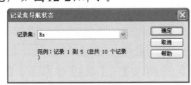

图12-27 设置记录记数功能

12. 保存文件。

12.2.2 添加会员信息

使用插入记录服务器行为设置网页，在浏览器中的最终效果如图12-28所示。

图12-28 添加会员信息

这是操作数据库记录的一个例子，需要使用插入记录服务器行为，具体操作步骤如下。

1. 打开网页文档"12-2-2.asp"，如图12-29所示。

图12-29 打开文档

2. 在【服务器行为】面板中单击 按钮，在弹出的下拉菜单中选择【插入记录】命令，弹出【插入记录】对话框，进行参数设置，如图12-30所示。

图12-30 【插入记录】对话框

3. 单击 确定 按钮，向数据表中添加记录的设置就完成了。

4. 最后保存文档。

12.3 课堂实训——添加和显示管理员信息

添加和显示管理员信息，最终效果如图12-31所示。

图12-31 添加和显示管理员信息

这是添加和显示数据库记录的一个例

子，步骤提示如下。

1. 打开网页文档"12-3.asp"，然后创建记录集，如图12-32所示。

图12-32 创建记录集

2. 设置动态文本和重复区域，要求显示所有记录。

3. 设置插入记录服务器行为，参数设置如图12-33所示。

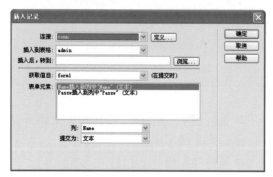

图12-33 插入记录

4. 保存文档，效果如图12-34所示。

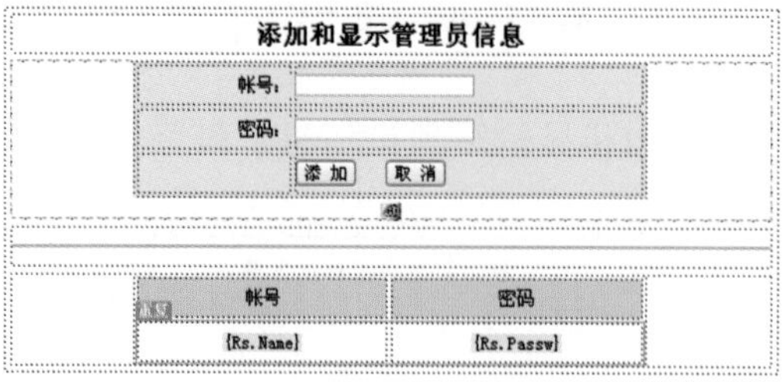

图12-34 添加和显示管理员信息

12.4 综合案例——用户身份验证

使用用户身份验证功能设置网页，在浏览器中的最终效果如图12-35所示。

图12-35 用户身份验证

这是一个用户身份验证的例子，需要使用用户登录、用户注销以及限制对页的访问服务器行为等功能，具体操作步骤如下。

1. 打开网页文档"12-2-2.asp"，通过菜单命令【插入】/【数据对象】/【用户身份验证】/【限制对页的访问】，对网页添加限制对页的访问功能，如果访问被拒绝，则转到登录页"12-4.asp"，如图12-36所示。

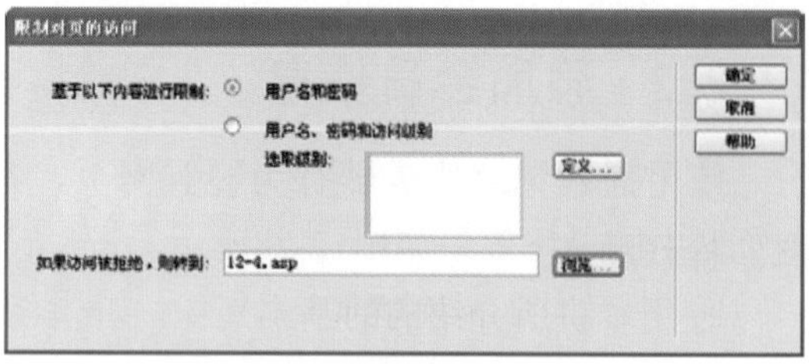

图12-36 限制对页的访问

2. 利用同样的方法给网页文档"12-3.asp"、"12-4a.asp"添加限制对页的访问功能。

3. 打开网页文档"12-4.asp"，然后选择菜单命令【插入】/【数据对象】/【用户身份验证】/【登录用户】，添加登录用户服务器行为，如图12-37所示。

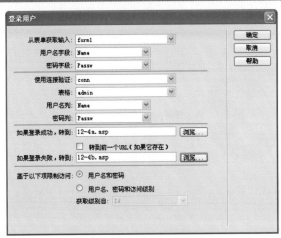

图12-37 添加登录用户服务器行为

4. 打开网页文档"12-4a.asp"，选中文本"注销退出"，然后选择菜单命令【插入】/【数据对象】/【用户身份验证】/【注销用户】，添加注销用户服务器行为，如图12-38所示。

图12-38 添加注销用户服务器行为

5. 保存所有打开的文档。

12.5 课后作业

一、思考题

1. 如何理解记录集的概念？

2. 在显示记录时通常会用到哪些基本知识？

3. 用户身份验证通常包括哪些内容？

二、操作题

使用本讲所介绍的的基本知识，分别创建能够显示记录的页面和能够插入记录的页面。

第13讲
发布站点

网页制作完毕还需要进行发布才可以访问。本讲将介绍配置IIS服务器和发布站点的基本方法。

【本讲课时】

本讲课时为3小时。

【教学目标】

● 掌握配置IIS服务器的方法。

● 掌握发布站点的方法。

13.1 功能讲解

下面介绍配置IIS服务器和发布站点的基本方法。

13.1.1 认识IIS

IIS（Internet Information Server，互联网信息服务），是由微软公司提供的一种Web（网页）服务组件，其中包括Web服务器、FTP服务器、NNTP服务器和SMTP服务器，分别用于网页浏览、文件传输、新闻服务和邮件发送等方面，它使得在网络（包括互联网和局域网）上发布信息成了一件很容易的事。IIS最初是Windows NT版本的可选包，随后内置在Windows 2000、Windows XP Professional和Windows Server 2003一起发行，但在普遍使用的Windows XP Home版本上并没有IIS。

如果自己拥有Web服务器，必须将Web服务器配置好，网页才能够被用户正常访问。另外，只有配置了FTP服务器，网页才可以通过FTP方式发布到服务器供用户访问。为了便于介绍，本讲以Windows XP professional中的IIS为例，介绍配置Web服务器、FTP服务器的方法。不过，Windows XP professional中的IIS功能是受限的，甚至由于Dreamweaver CS5与其兼容性问题，导致制作的应用程序网页有时不能正常运行，如果遇到这种情况，最好使用服务器操作系统中的IIS进行测试。

13.1.2 发布站点

IIS服务器配置好后，还需要在Dreamweaver CS5的【站点设置对象】对话框中设置【服务器】选项，如图13-1所示，然后才能使用站点管理器发布文件。

图13-1 【站点设置对象】对话框

13.2 范例解析

下面介绍配置IIS服务器和发布站点的具体操作方法。

13.2.1 配置Web服务器

Windows XP Professional中的IIS在默认状态下没有被安装，因此在第1次使用时应首先安装IIS服务器，包括Web服务器和FTP服务器。安装完成后还需要配置IIS服务，才能发挥它的作用。配置Web服务器的具体操作步骤如下。

1. 在【控制面板】/【管理工具】中双击【Internet信息服务】选项，打开【Internet信息服务】窗口，如图13-2所示。

图13-2 【Internet信息服务】窗口

2. 选择【默认网站】选项，然后单击鼠标右键，在弹出的快捷菜单中选择【属性】命令，打开【默认网站 属性】对话框，切换到【网站】选项卡，在【IP地址】文本框中输入本机的IP地址，如图13-3所示。

图13-3 设置IP地址

3. 切换到【主目录】选项卡，在【本地路径】文本框中输入（或单击 浏览(0)... 按钮来选择）网页所在的目录，如图13-4所示。

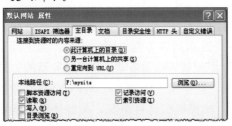

图13-4 设置主目录

4. 切换到【文档】选项卡，单击 添加(D)... 按钮打开【添加默认文档】对话框，在【默认文档名】文本框中输入首页文件名"index.asp"，然后单击 确定 按钮关闭该对话框，如图13-5所示。

图13-5 设置首页文件

　　配置完Web服务器后，打开IE浏览器，在地址栏中输入IP地址后按<Enter>键，这样就可以打开网站的首页了。前提条件是在这个目录下已经放置了包括主页在内的网页文件。

13.2.2 配置FTP服务器

　　配置FTP服务器的具体操作步骤如下。

1. 在【Internet信息服务】窗口中选择【默认FTP站点】选项，然后单击鼠标右键，在弹出的快捷菜单中选择【属性】命令，打开【默认FTP站点 属性】对话框，切换到【FTP站点】选项卡，在【IP地址】文本框中输入IP地址，如图13-6所示。

图13-6 【FTP站点】选项卡

2. 切换到【安全账户】选项卡，在【操作员】列表框中添加用户账户（在Windows XP Professional版本的IIS中如不能添加用户账户则保持默认即可），如图13-7所示。

图13-7 【安全账户】选项卡

3. 切换到【主目录】选项卡，在【本地路径】文本框中输入FTP目录，然后选择【读取】、【写入】和【记录访问】复选框，如图13-8所示。

图13-8 【主目录】选项卡中的设置

4. 单击 确定 按钮完成配置。

13.2.3 定义远程服务器

为了读者学习方便，上面是通过Windows XP自身的IIS来说明配置IIS服务器的方法。为了让读者能够真正体验通过Dreamweaver CS5向远程服务器传输数据的方法，下面在Dreamweaver CS5配置FTP服务器的过程中所提及的远程服务器均是Windows 2000 Server系统中的IIS服务器。具体操作步骤如下。

1. 选择菜单命令【站点】/【管理站点】，打开【管理站点】对话框，在站点列表中选择站点，然后单击 编辑(E)... 按钮打开【站点设置对象】对话框。

2. 在左侧列表中选择【服务器】选项，单击 ➕ 按钮，在弹出的对话框中的【基本】选项卡中进行参数设置，如图13-9所示。

3. 选择【高级】选项卡，根据需要进行参数设置，如图13-10所示。

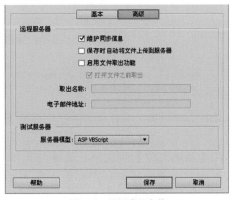

图13-9 设置基本参数   图13-10 设置高级参数

4. 最后单击 保存 按钮完成设置，如图13-11所示。

图13-11 设置远程服务器

13.2.4 发布站点

使用Dreamweaver CS5发布站点的具体操作步骤如下。

1. 在【文件】面板中单击 📑 （展开/折叠）按钮，展开站点管理器，在【显示】下拉列表中选择要发布的站点，然后在工具栏中单击 ▤≡ （站点文件）按钮，切换到远程站点状

态，如图13-12所示。

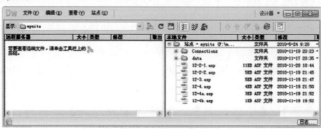

图13-12 站点管理器

2. 单击工具栏上的 <img> （连接到远端主机）按钮，将会开始连接远端主机，即登录FTP服务器。经过一段时间后，<img> 按钮上的指示灯变为绿色，表示登录成功了，并且变为 <img> 按钮（再次单击 <img> 按钮就会断开与FTP服务器的连接），如图13-13所示。

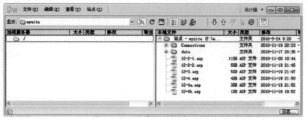

图13-13 连接到远端主机

3. 在【本地文件】列表中，选择站点根文件夹 "mysite" （如果仅上传部分文件，可选择相应的文件或文件夹），然后单击工具栏中的 <img> （上传文件）按钮，会出现一个【您确定要上传整个站点吗？】对话框，单击 确定 按钮将所有文件上传到远端服务器，如图13-14所示。

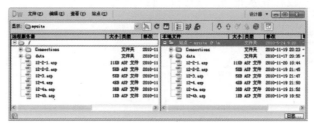

图13-14 上传文件到远端服务器

4. 上传完所有文件后，单击 <img> 按钮，断开与服务器的连接。

13.3 课后作业

一、思考题

1. 什么是IIS？

2. 使用Dreamweaver CS5发布站点必须设置哪些内容？

二、操作题

练习配置IIS和使用Dreamweaver CS5发布站点的方法。